U0199629

图书在版编目（CIP）数据

海洋之书：可视化海洋探索 /(德) 艾斯特·冈斯塔拉著；陈雨译 . -- 长沙：湖南科学技术出版社，2020.10
ISBN 978-7-5710-0652-5

Ⅰ . ①海… Ⅱ . ①艾… ②陈… Ⅲ . ①海洋生态学－普及读物 Ⅳ . ① Q178.53-49

中国版本图书馆 CIP 数据核字 (2020) 第 135726 号

HAIYANG ZHI SHU：KESHIHUA HAIYANG TANSUO

海洋之书：可视化海洋探索

著　　者：［德］艾斯特 · 冈斯塔拉
译　　者：陈　雨
总 策 划：陈沂欢
策划编辑：乔　琦
责任编辑：李文瑶
特约编辑：曹紫娟
营销编辑：唐国栋
地图编辑：程　远
装帧设计：李　川
特约印制：焦文献　李丽芳
制　　版：北京美光设计制版有限公司
出版发行：湖南科学技术出版社
社　　址：长沙市湘雅路 276 号
　　　　　http://www.hnstp.com
湖南科学技术出版社天猫旗舰店网址：
　　　　　http://hnkjcbs.tmall.com
邮购联系：本社直销科 0731-84375808
印　　刷：北京华联印刷有限公司
版　　次：2020 年 10 月第 1 版
印　　次：2020 年 10 月第 1 次印刷
开　　本：889mm×1194mm　1/16
印　　张：8
字　　数：50 千字
审 图 号：GS（2020）3559 号
书　　号：978-7-5710-0652-5
定　　价：88.00 元

本书插图系原书原图

THE OCEAN BOOK
海洋之书

HOW ENDANGERED ARE OUR SEAS?
可 视 化 海 洋 探 索

[德] 艾斯特·冈斯塔拉（Esther Gonstalla） 著

陈雨 译

CNS K 湖南科学技术出版社

人类……

人类受益于海洋，并将之用作：

食物来源

鱼类、藻类和双壳类构成了许多人食谱中的主要成分。

扶贫

在许多发展中国家，鱼类是人们唯一能负担得起的蛋白质来源。

能源和资源供应

海底石油和海上风电场是人类重要的能源来源。

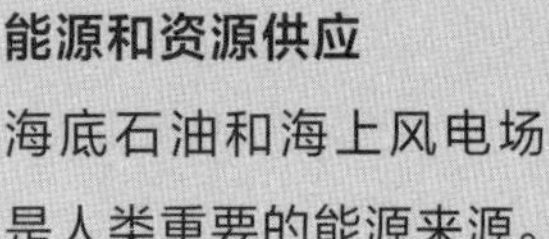

就业

全球高达 12% 的就业人员依赖渔业为生。

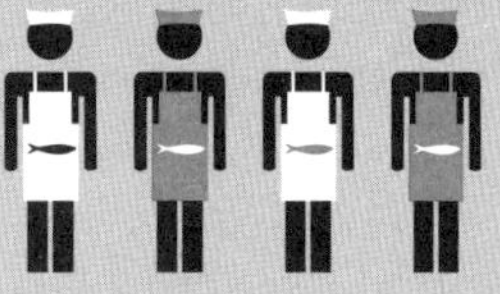

运输路线

每年有数十亿货物跨大洋运输。

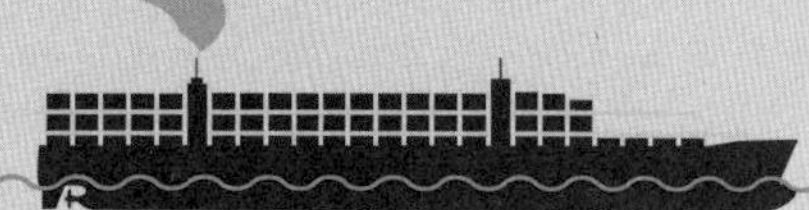

药物来源

一些药物是由海洋提取物制作而成的。

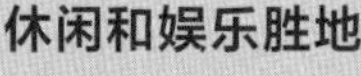

休闲和娱乐胜地

海滩和海滨是休闲和度假的胜地。

人类威胁海洋的方式：

气候变化

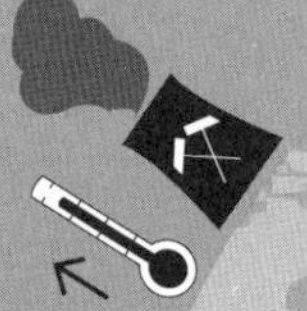

污染

工业化

过度捕捞

数据来源：海里因希·伯尔基金会（HBS）（2017）

……与海洋

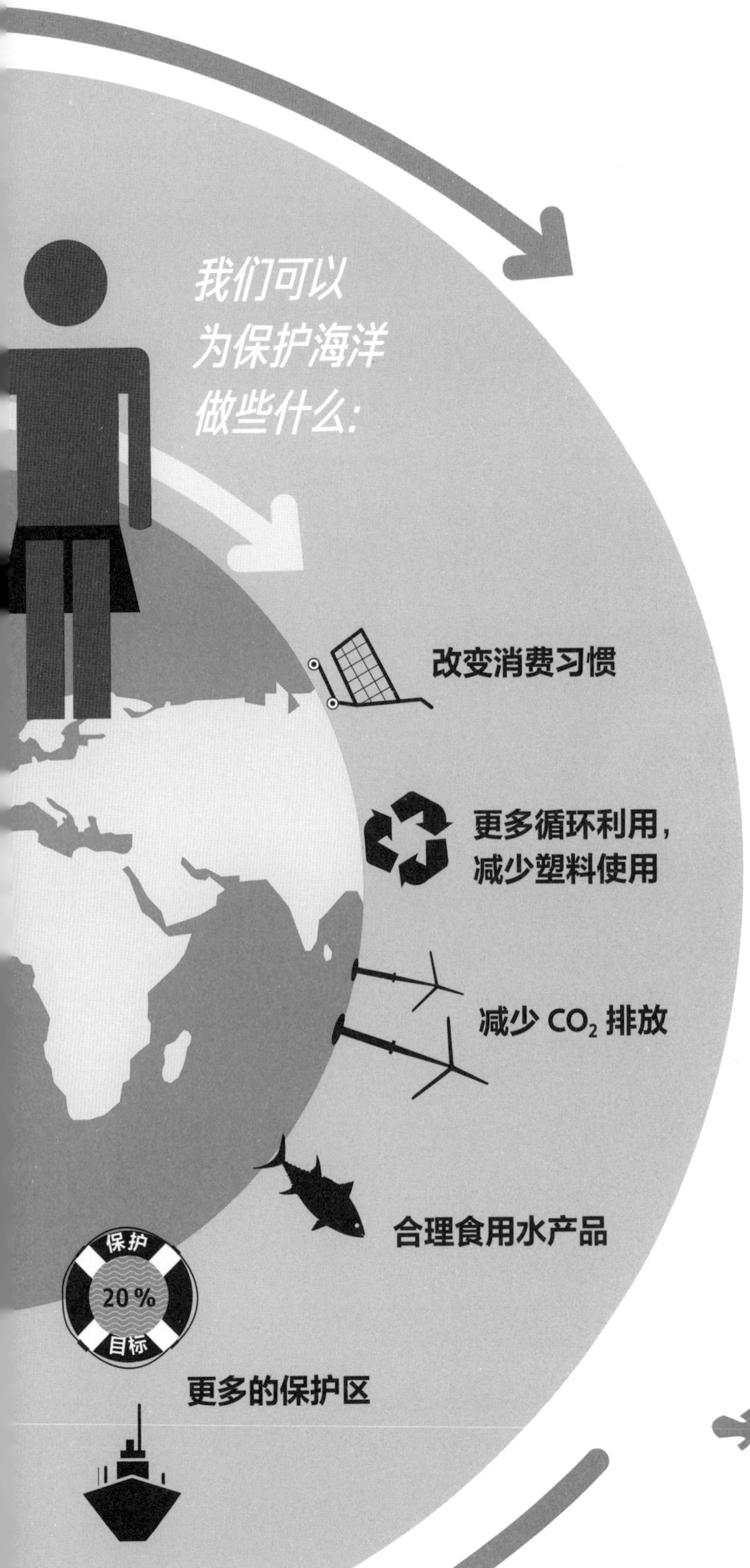

我们可以为保护海洋做些什么：

改变消费习惯

更多循环利用，减少塑料使用

减少 CO_2 排放

合理食用水产品

保护 20% 目标

更多的保护区

海洋的主要贡献在于：

调节气候

海洋通过持续与大气交换来调控气候。

栖息地

海洋通过复杂的食物链促进生物圈平衡。

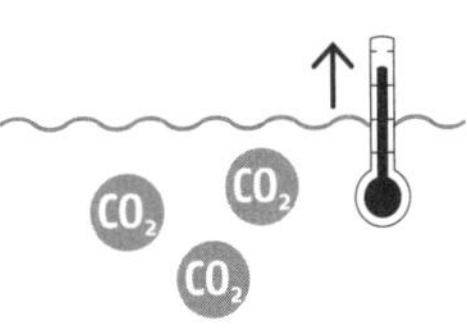

保护气候

吸收大气中的 CO_2 和热量来提供“缓冲作用”。

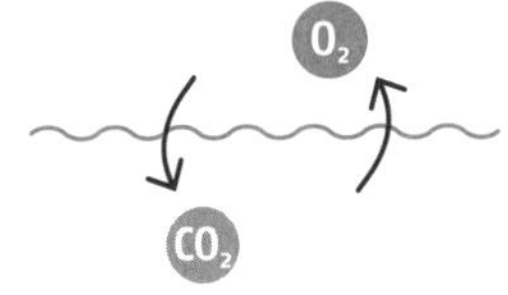

提供氧气

海洋会吸收 CO_2，释放氧气和其他物质。

稳定生态

通过生物多样性稳定生态系统。

温床

珊瑚礁为生物繁殖和多样性提供了安全之所。

保护海岸

红树林保护海岸免受海水侵蚀和淹没。

→ 原因 → 直接后果 → 间接后果 → 解决方案

海洋与气候变化

气候回馈机制是怎样运作的？

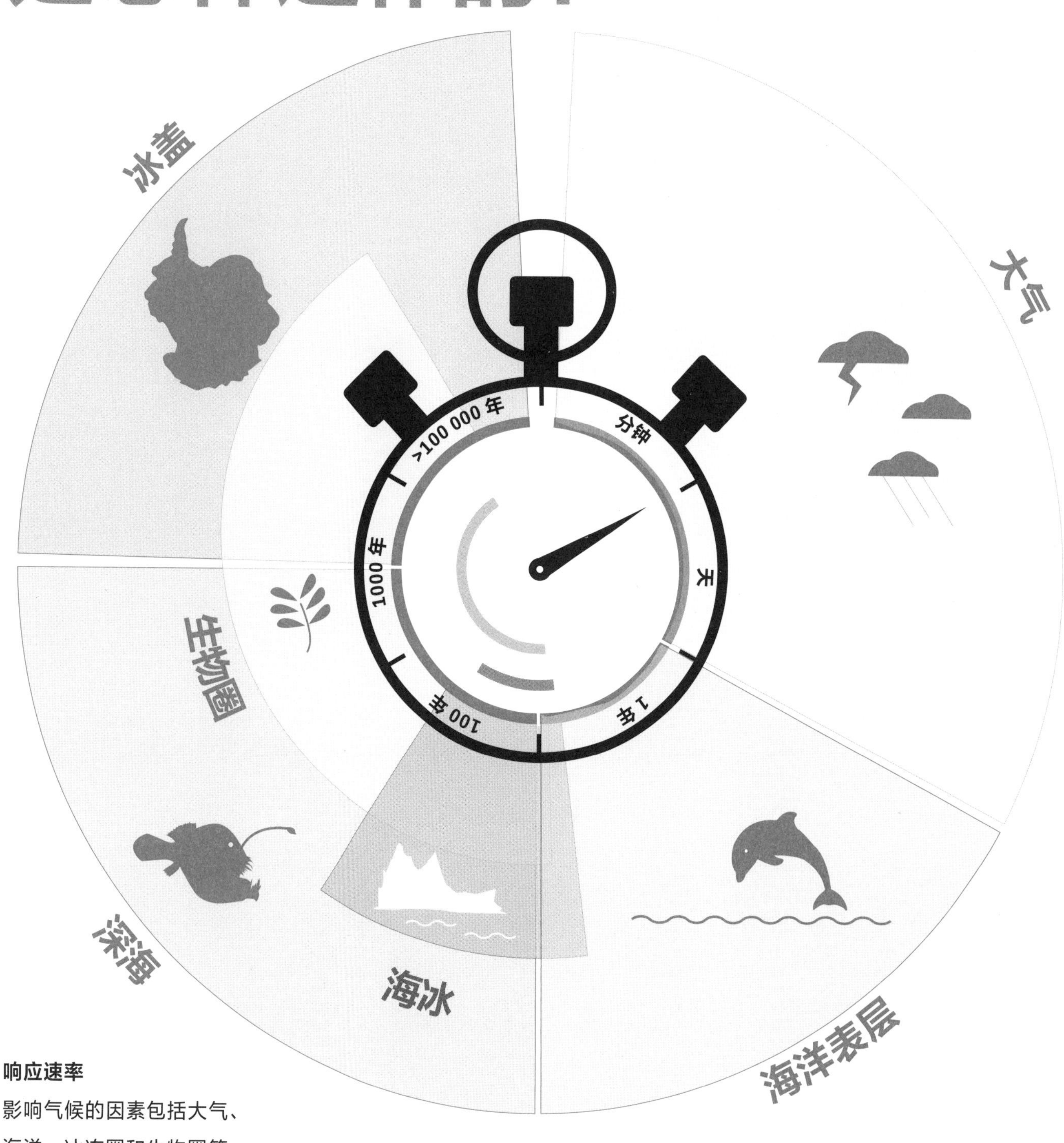

响应速率

影响气候的因素包括大气、海洋、冰冻圈和生物圈等，它们对气候变化响应速率各不相同，从短短几分钟到数千年之久。

数据来源：Jouzel 等（2007），Maribus（2010），美国宇航局（NASA）（2015）

全球气候变化的历史

通过分析从极地冰盖中的小气泡里获取的气体，我们可以科学地反演地球历史上大气平均温度和成分的变化，并从中推演出长达 800 000 年的全球气候变化史。

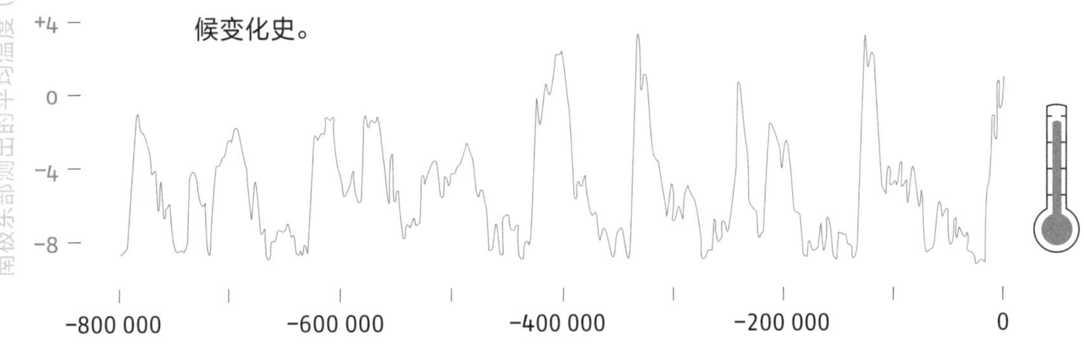

在漫长的历史中，地球已经不止一次经历过变暖和变冷。地球轨道倾角、地貌和大气的细微变化，以及太阳活动强度的波动经常导致气候的变化。例如，温室效应，是人类生存的一项重要的气候要素。如果进入地球大气层的太阳光在被地表反射和被大气层部分吸收后没有起到增温作用，人类将体验零下的低温。

然而从 19 世纪工业化以来，人类排放的 CO_2 和其他微量气体导致了地球表面进一步的变暖。排放进大气的人为贡献 CO_2 越多，滞留的热辐射就越多，从而导致更严重的温室效应。通过分析从南极钻出的冰芯[1]，科学家已经能够重建近 800 000 年来的地球气温异动。这一数据和其他气候记录向我们揭示，当前气候变化的速度，比历史上全球变暖时期的气候变化速度要快得多。

这一气候变化给海洋造成了严重的影响。由于海面相对较暗，因此海洋吸收了大量的热量。缓慢的洋流输送了大量的热量和 CO_2。大量的 CO_2 骤然进入海洋令人忧心，因为 CO_2 导致的海水酸化会对生态系统、海洋生物和珊瑚礁造成难以挽回的破坏。

海洋气候对温室效应的响应相对缓慢。能够被风激起波浪的海洋表层可在数月或数年内做出反应。深海可能需要几百年甚至上千年才发生改变。冰盖则最慢，需要几百乃至几千年才能出现变化的迹象。这些影响深远的变化一旦开始，就无法人为扭转。这就是必须尽快减少全球 CO_2 排放的原因。

1. 冰芯：冰川内部的芯，即在冰川最厚处，自上而下垂直钻取的圆柱状冰层集合体，因其中气泡体保存了空气和粉尘等环境要素，被广泛运用于古气候与古环境的研究。

海洋热量的异动

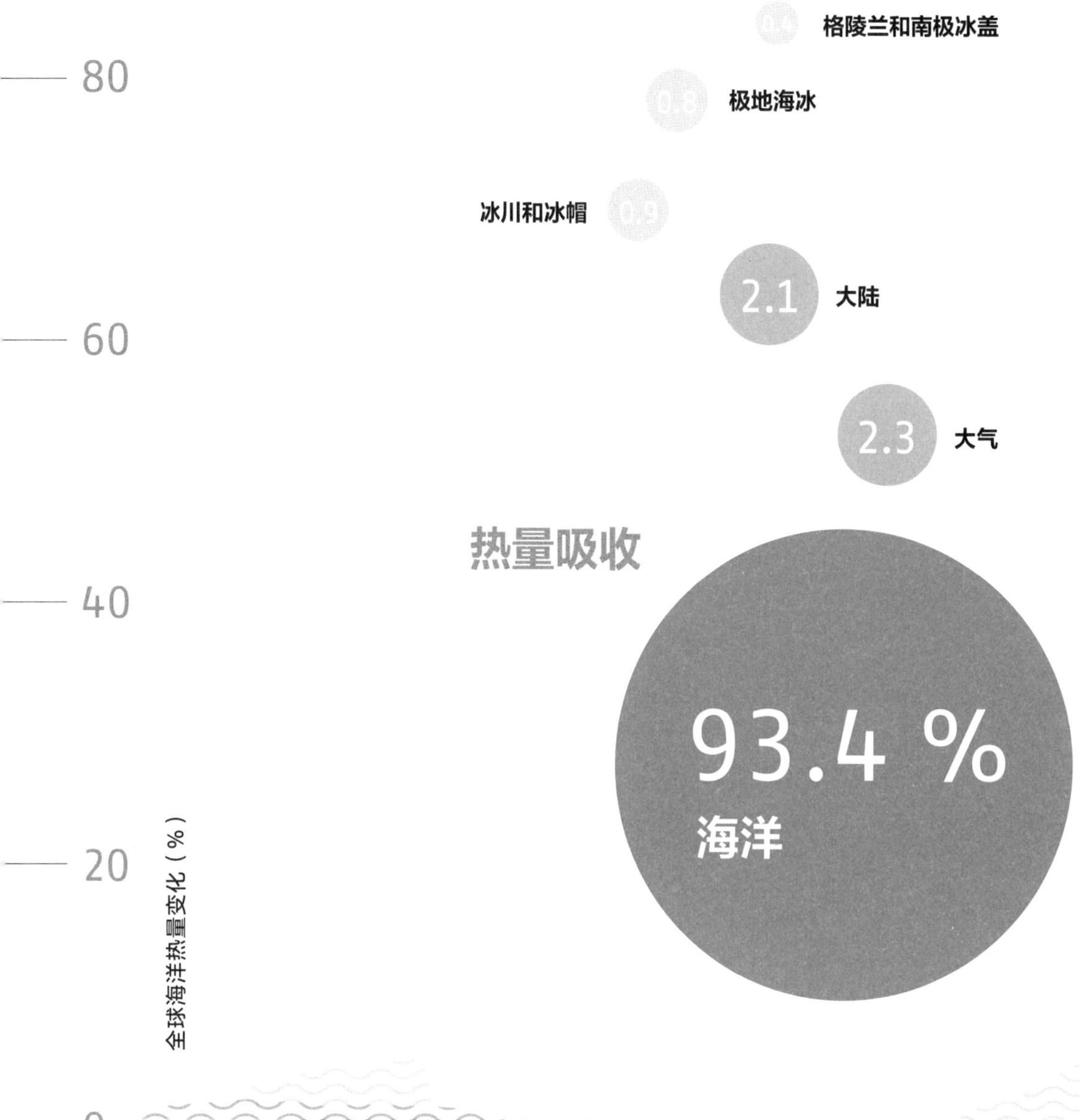
100 %
80
60
40
20
0
全球海洋热量变化（%）
0.4
格陵兰和南极冰盖
0.8
极地海冰
冰川和冰帽
0.9
2.1
大陆
2.3
大气
热量吸收
93.4 %
海洋
1860
1880
1900
1920
1940

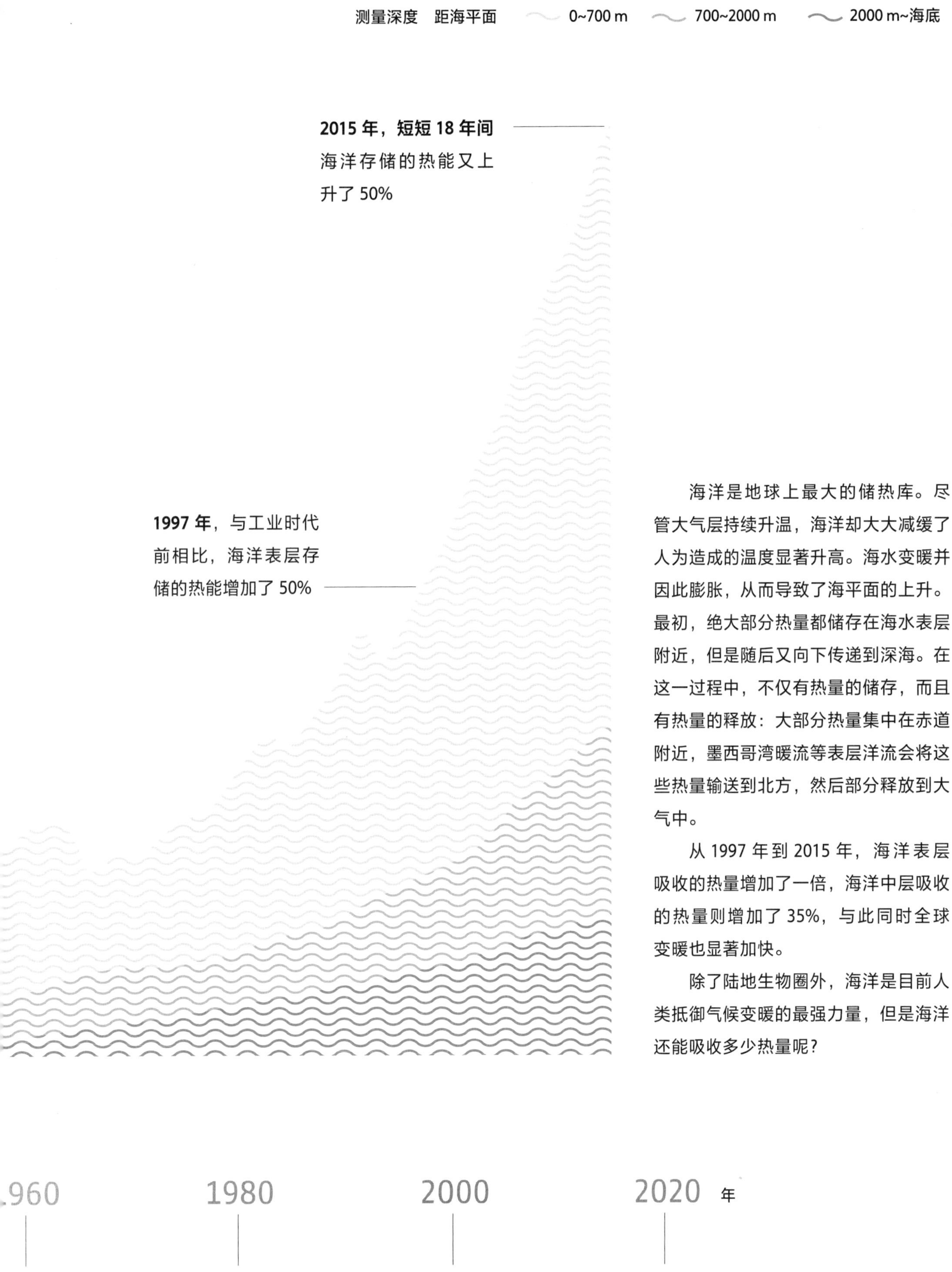

测量深度 距海平面 0~700 m 700~2000 m 2000 m~海底

2015 年，短短 18 年间
海洋存储的热能又上升了 50%

1997 年，与工业时代前相比，海洋表层存储的热能增加了 50%

1960 1980 2000 2020 年

海洋是地球上最大的储热库。尽管大气层持续升温，海洋却大大减缓了人为造成的温度显著升高。海水变暖并因此膨胀，从而导致了海平面的上升。最初，绝大部分热量都储存在海水表层附近，但是随后又向下传递到深海。在这一过程中，不仅有热量的储存，而且有热量的释放：大部分热量集中在赤道附近，墨西哥湾暖流等表层洋流会将这些热量输送到北方，然后部分释放到大气中。

从 1997 年到 2015 年，海洋表层吸收的热量增加了一倍，海洋中层吸收的热量则增加了 35%，与此同时全球变暖也显著加快。

除了陆地生物圈外，海洋是目前人类抵御气候变暖的最强力量，但是海洋还能吸收多少热量呢？

数据来源：美国环境保护局（EPA）（2014），Gleckler 等（2016），联合国政府间气候变化专门委员会（IPCC）（2013）

气候变暖的后果

1 海洋温度上升

海水表层温度（SST）呈上升趋势。三种不同的模型证明，与1961—1990年相比当今海洋温度升高了0.4℃。

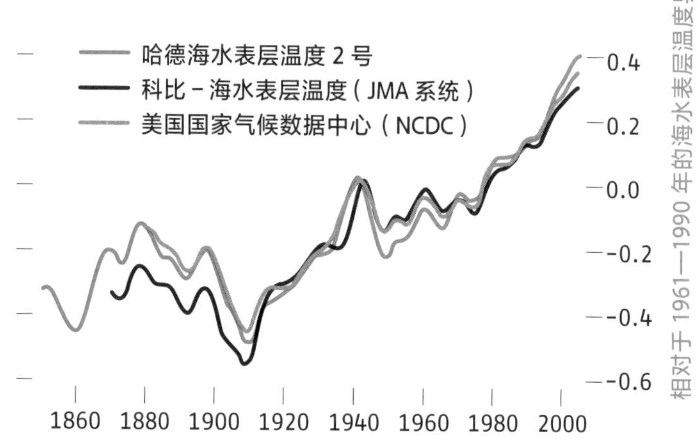

2 珊瑚礁白化和死亡的数量上升

约每四年一次的厄尔尼诺[1]现象发生期间，东赤道太平洋地区表现出异常强劲的升温，会导致大量珊瑚死亡。而全球变暖以及由此带来的海洋变暖，会导致厄尔尼诺现象增强且持续时间变长。升温持续的时间越短，珊瑚存活的机会也就越大。目前为止，持续时间最长的珊瑚白化事件始于2015年10月，并持续到2016年5月。在此期间，世界上最大的珊瑚礁——澳大利亚大堡礁93%的珊瑚受到影响，大堡礁北部50%的白化珊瑚死亡。

珊瑚与某些藻类（虫黄藻）共生[2]，这是珊瑚生存不可或缺的条件。藻类喂养珊瑚，并赋予珊瑚颜色。

温度升高1℃后，藻类进入“休克”状态，不再制造糖而开始产生毒素。此时，珊瑚会将它的共生伙伴释放出去，从而失去颜色，出现珊瑚白化。

失去了共生藻类，珊瑚就会饿死。在珊瑚死亡后，其他藻类和海绵开始覆盖珊瑚，从而进一步危害珊瑚礁，因为这会导致虫黄藻无法返回珊瑚。

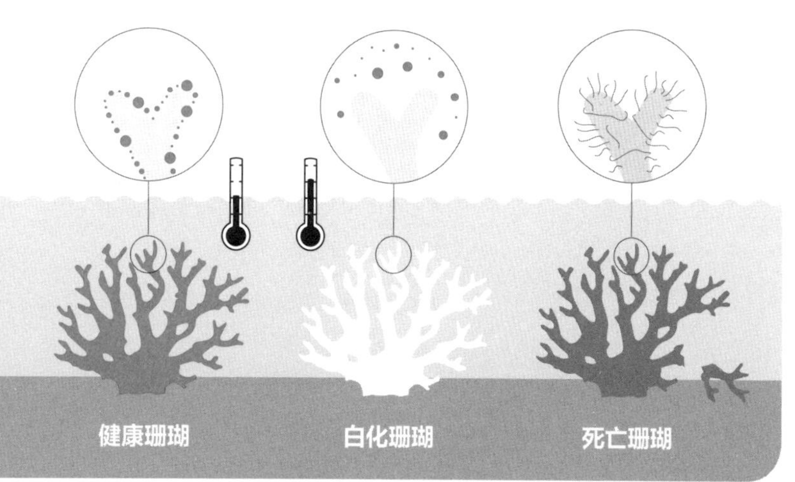

→

25 %

的海洋栖息物种直接依存于珊瑚礁

3 许多海洋生物改变习性

当春季海水比历年温暖时，许多鱼类会提前产卵。而浮游生物的生长高度依赖阳光和季节，所以提前产卵意味着孵出的鱼苗缺乏足够的食物来源。最终导致鱼苗饿死，鱼类种群数量减少。

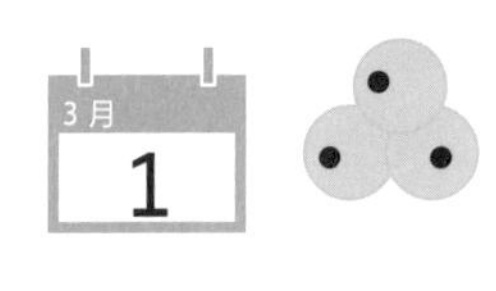

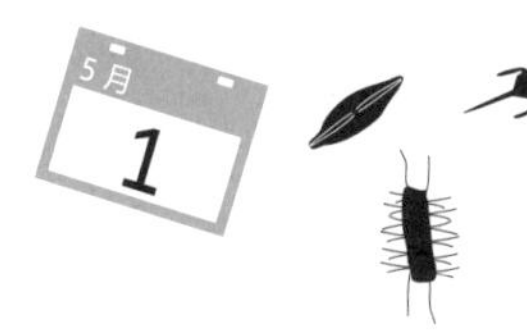

自然信号的变化，例如春季日照强度的增强和夏季水温升高，会刺激鱼类改变捕食和交配习性。因此，气候变化会导致海洋生物的自然习性紊乱，破坏生态系统平衡。

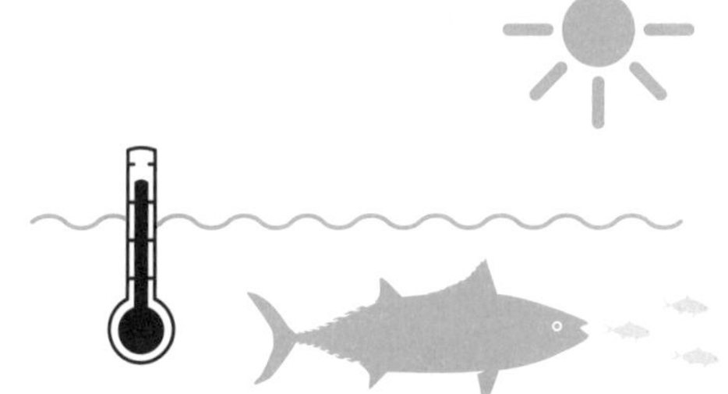

4 入侵物种扩散并改变生态系统

草食性的热带鱼类入侵其他水域可能造成巨大的生态破坏。例如黄斑狐狸鱼，通过苏伊士运河进入温暖的地中海水域后，大肆捕食当地的原生植被——海带和其他藻类构成的海底森林，并造成破坏。这不仅会改变环境，也会改变原生鱼类的习性。

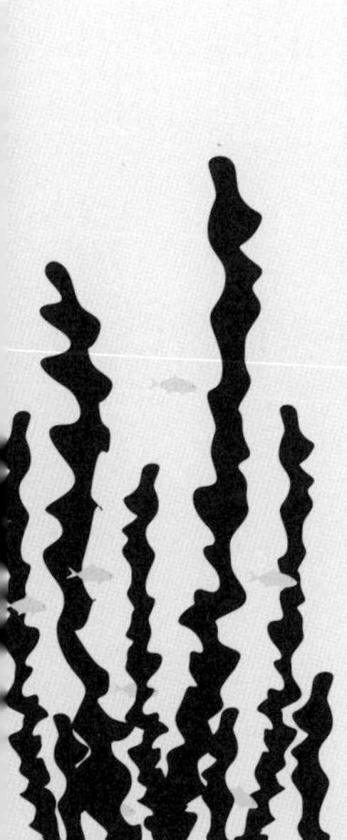

-60 %

植物总生物量

数据来源：澳大利亚研究委员会（ARC）（2016），联合国政府间气候变化专门委员会（IPCC）（2014），Neuheimer 等（2015），Vergers 等（2014），XL Catlin 海景调查（2016）

海水酸化加剧

650 000 年以来，大气中 CO_2 含量一直在 0.3‰以下波动，然后工业革命开始了。

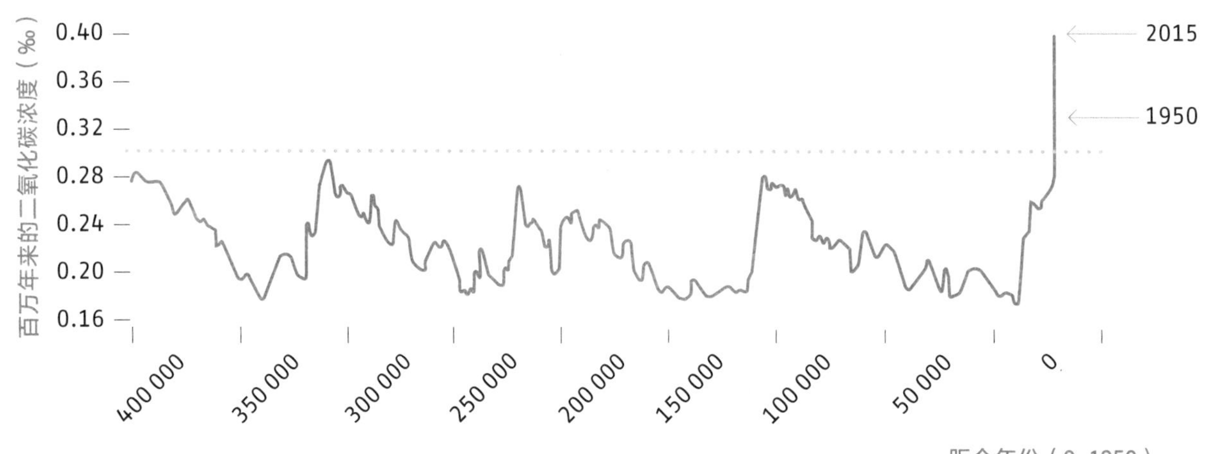

自工业化时代以来，人类燃烧了大量的化石燃料并造成空前规模的森林破坏，导致大气和海洋中的二氧化碳含量持续上升。从那之后，海洋中的 CO_2 含量快速上升的幅度超过了过去 6000 万年的水平。从 1950 年以来，海水的 pH 值已经从 8.2 跌至 8.1，意味着海水的酸度上升了约 30%。据估计，如果持续以目前的水平排放 CO_2，到 2100 年海水酸度会进一步增加 140%。海水通常是碱性的，只有在吸收二氧化碳并部分结合形成碳酸时才会酸化。海藻等海洋植物会吸收海水中的碳，并通过光合作用将其转化为糖和淀粉。较高的 CO_2 含量会促进水母生长。但是海水的 pH 值持续下降会阻碍珊瑚礁和一些无脊椎动物的碳酸钙分泌，从而对它们造成伤害。到目前为止，我们还没有充分的长期研究数据能够揭示，随着 pH 值持续下降，整个海洋生态系统会发生何种变化，因此我们只能推测这一变化的影响。

二氧化碳（CO_2）
水（H_2O）
碳酸盐（CO_3^{2-}）
碳酸氢盐（HCO_3^-）

数据来源：国际地圈－生物圈计划（IGBP）/国际海洋学委员会（IOC）/海洋研究科学委员会（SCOR）（2013），Maribus（2010），美国气候中心（CC）（2010），美国国家海洋和大气管理局（NOAA）（2016）

随着 CO_2 含量升高，到 2100 年海水酸度增加 170%，将导致生态系统失去平衡。

紊乱的洋流

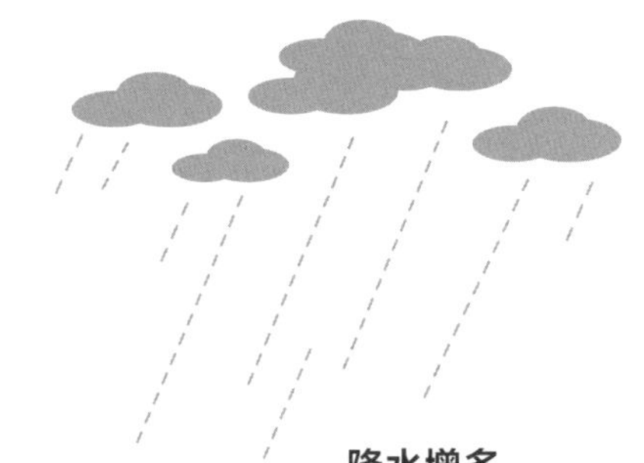

紊乱的洋流

格陵兰冰盖在以超过预期的速度融化。夏季冰川融水在冰下汇聚成庞大的暗河流向海洋。冰川崩塌成冰山滑入海中。从而导致海平面加速上升，而北海的盐度下降。

降水增多

在极地地区，由于气候变化导致海水盐度降低，从而也降低了表层海水的密度。

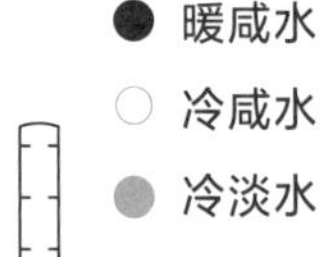

● 暖咸水
○ 冷咸水
● 冷淡水

100 m

表层水

来自于南方的表层暖流在靠近格陵兰的对流区冷却。由于这些水流的密度（盐度）更大，它们下沉到深海的速度也更快。这种现象就像一个巨大的循环泵。

冰川融水是淡水

淡水比海洋中的咸水比重轻。冰盖融化得越多，所形成融水与咸水混合后，下沉的速度也就越慢。

咸水

比来自冰川消融的淡水更重，因此下沉也更快。

3000 m

到 2100 年，海洋中的对流将减少 25 %

数据来源：Maribus（2010），美国宇航局（NASA）（2012），Rahmstorf（2015）

温盐环流

…… 也被称为“传送带”
是一个温度、盐度和风的差异驱动的，由表层流、深层流和底层流构成的复杂网络。温盐环流形成墨西哥湾暖流，也就是北大西洋暖流，流向冰岛。

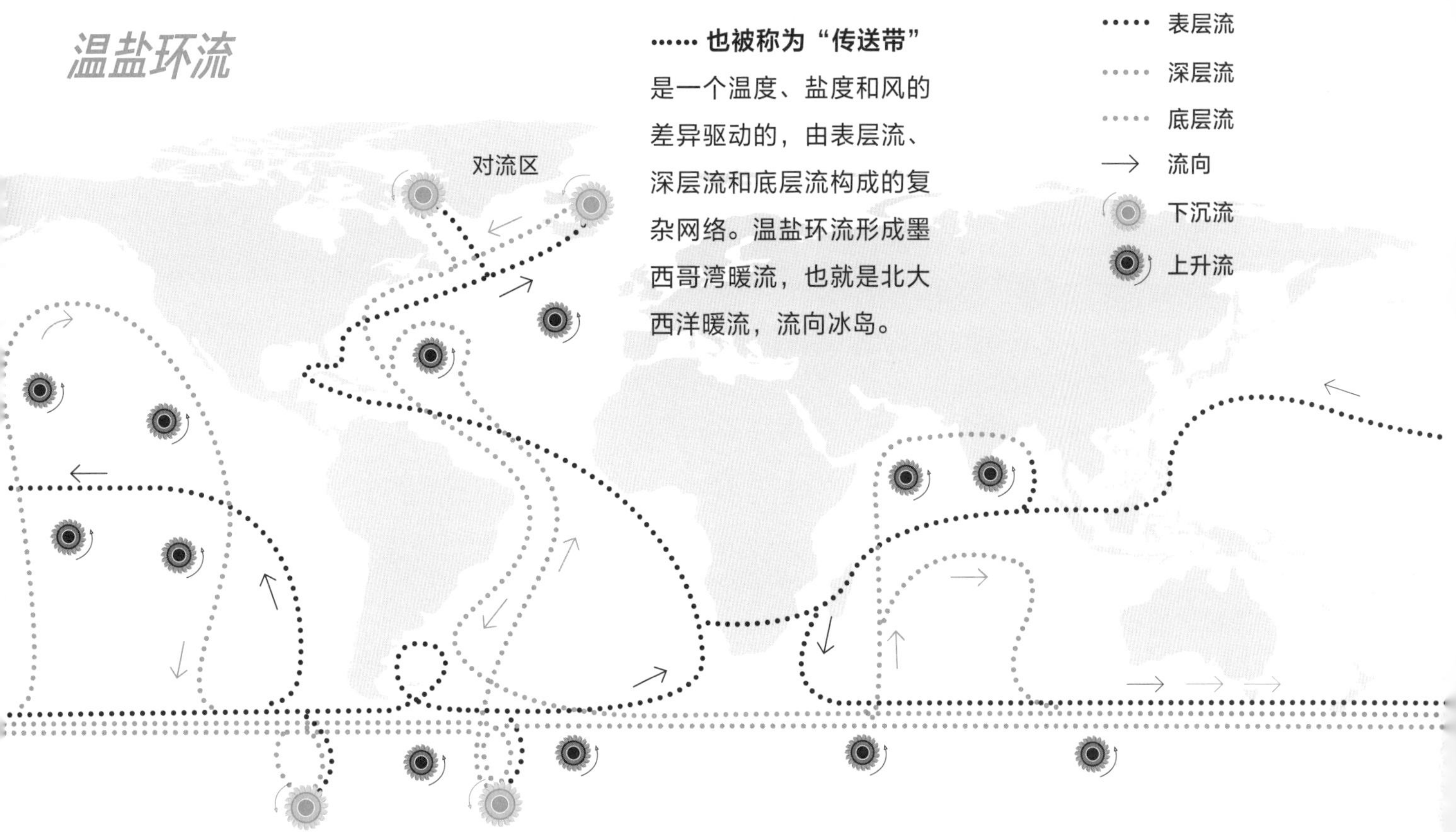

表层流
深层流
底层流
流向
下沉流
上升流

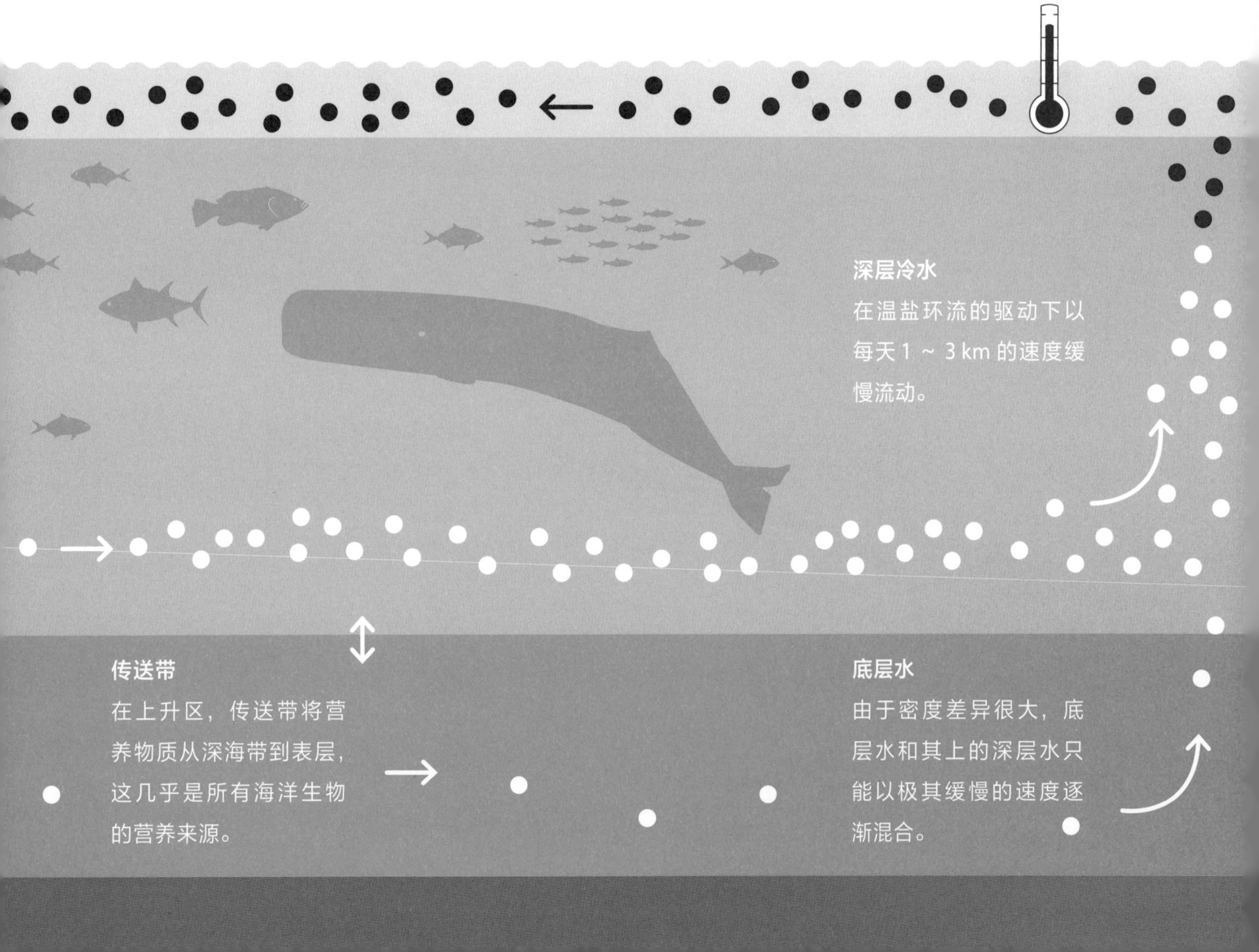

对流区

深层冷水
在温盐环流的驱动下以每天 1 ~ 3 km 的速度缓慢流动。

传送带
在上升区，传送带将营养物质从深海带到表层，这几乎是所有海洋生物的营养来源。

底层水
由于密度差异很大，底层水和其上的深层水只能以极其缓慢的速度逐渐混合。

海平面上升

由于冰川消融，末次冰期（距今 21 000 ~ 12 000 年前）以来海平面上升了约 125 m。此外，因地球的平均温度上升，海洋面积有所扩张。冰川和冰盖以惊人速度消融，随之而来的冰川融水通过河流汇入海洋。

从 21 000 年前末次冰期最盛时开始的冰川消融过程持续了 12 000 年，中间有过 6000 年停滞，又因人为因素导致的气候变化开始重新加速。多年来，像荷兰这样的工业化国家已经开始用昂贵的堤坝和水利系统来应对海平面上升。而贫穷国度的人们只能被迫逃往内陆。如果全球 CO_2 排放以目前的趋势持续，海平面将在未来 300 年内再上升 5 m。

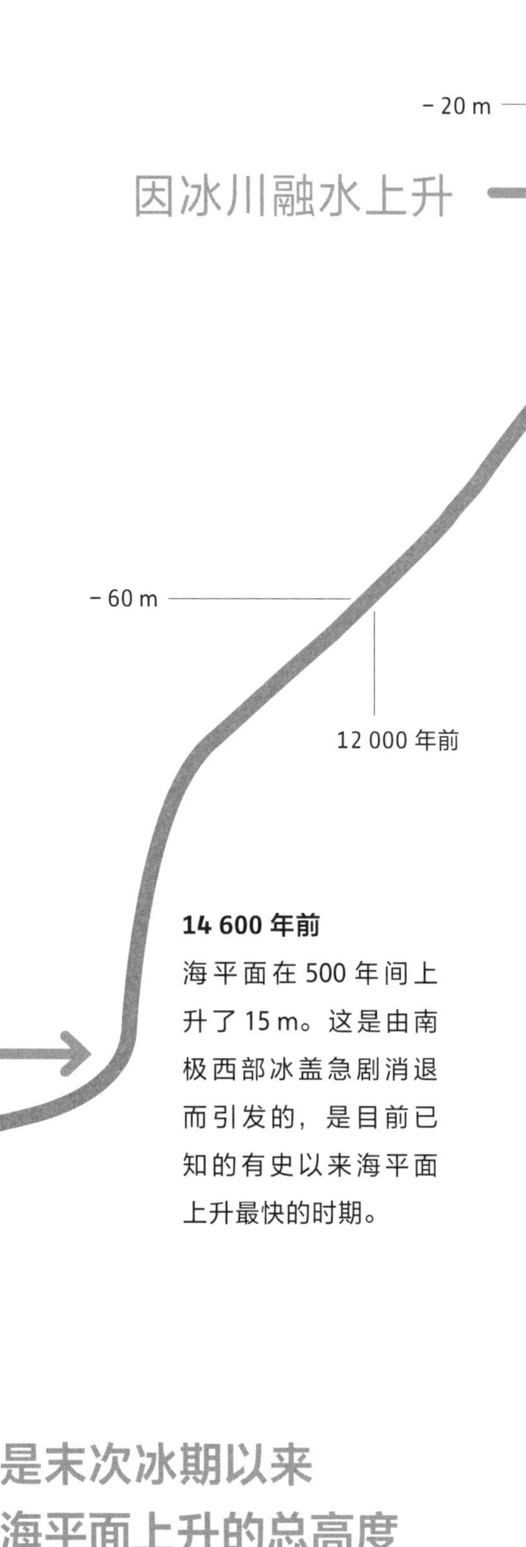

125 m 是末次冰期以来海平面上升的总高度

数据来源：联合国政府间气候变化专门委员会（IPCC）（2014），Maribus（2010），Pollard & deConto（2016），Vermeer & Rahmstorf（2009）

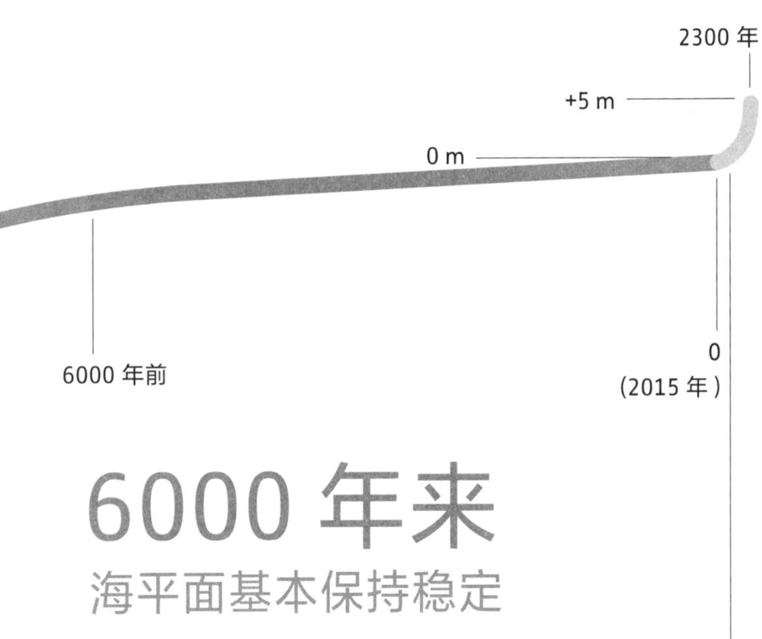

未来

300 年内

海平面还将上升 5 m

6000 年来

海平面基本保持稳定

2100 年

15 %~50 %

的海平面升高可归因于气候变暖和海洋扩张。

2016 年由计算机模拟冰盖变化得到的最新预测结果

联合国政府间气候变化专门委员会（IPCC）预测的最坏情景

IPCC 预测的最好情景

140
160
140
120
100
80
60
40
20
0

海平面上升预测（cm）（到 2100 年）

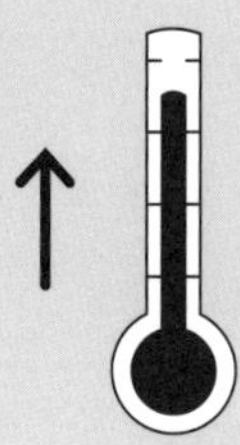

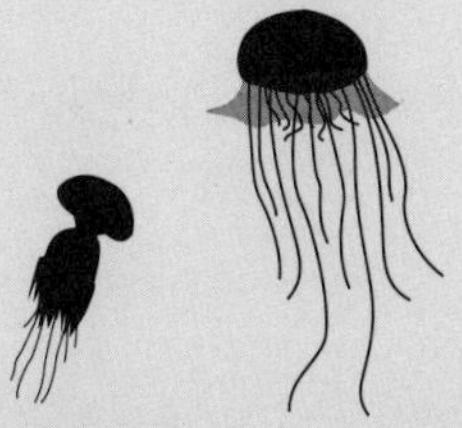

»

由于增加CO_2排放，

人类正以前所未有的方式改变地球的气候。

未来的海洋增温和酸化将会更严重，

对珊瑚礁、海洋食物链、

生物多样性造成破坏。

再纠结于谈判和行动已为时晚矣。

«

——阿克塞尔·蒂默曼　教授/博士

夏威夷大学，美国夏威夷

→ 原因 → 直接后果 → 间接后果 → 解决方案

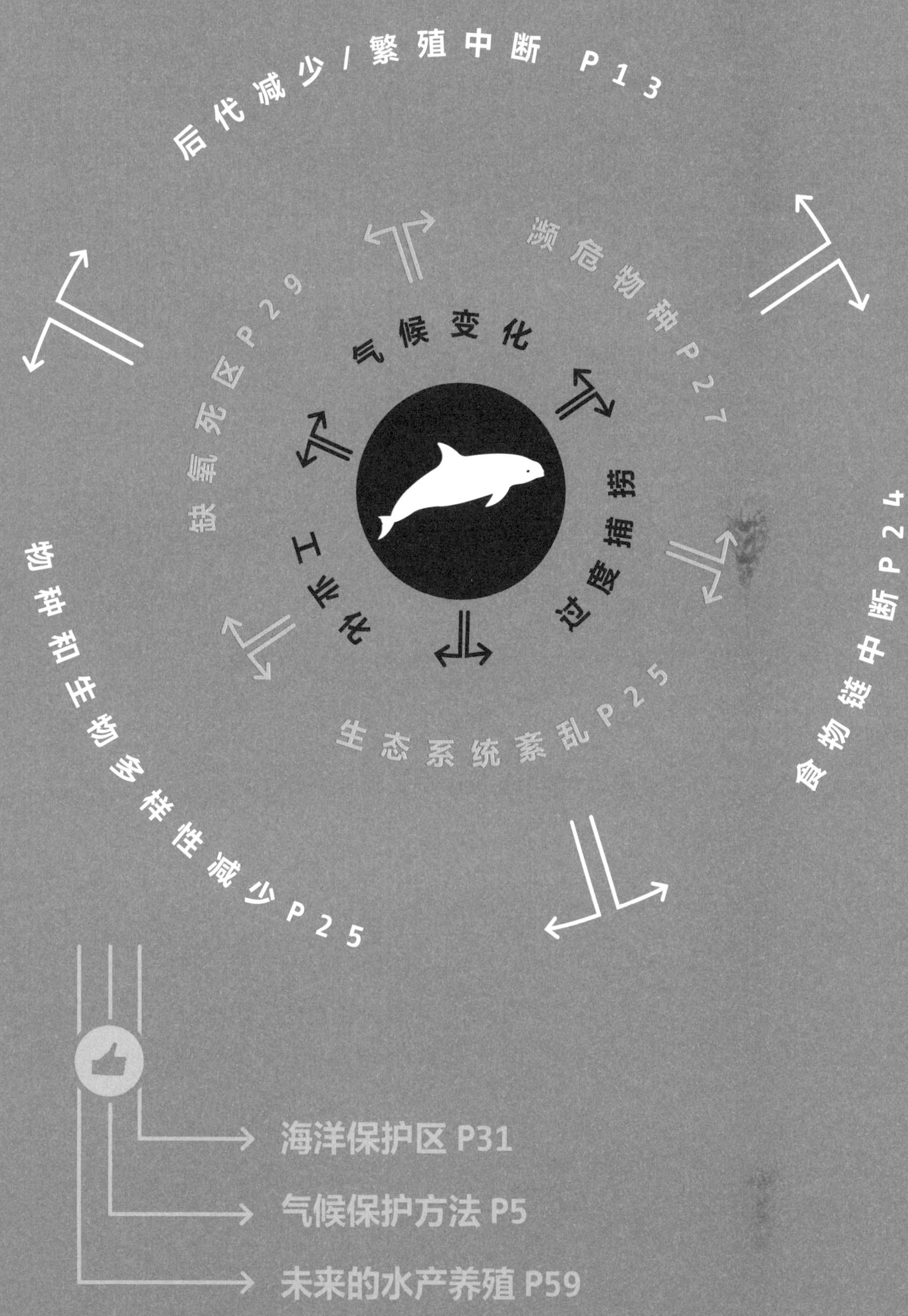

海洋与生物多样性

海洋生物多样性

海洋生态系统的
食物链是相当复杂的

海鸟

须鲸

大型鲨鱼

栖息于珊瑚礁中的小型鲨鱼

大型鱼类

头足类[1]

海龟

中型鱼类

栖息于珊瑚礁中的鱼类

水母

小型鱼类

双壳类[2]

浮游植物

藻类、海带、海草、珊瑚

浮游动物

数据来源：Mittermeier 等（2011），Maribus（2010），William 等（2016），Poulsen 等（2016），Kieneke 等（2015）

在世界范围内，平均每天有 3 个新物种被发现

腹毛动物新种 *Heterolepidoderma sinus*

发现时间：2015 年
体长：450 μm
栖息地：淤泥

灰镜腹鱼 *Monacoa griseus*
黑镜腹鱼 *Monacoa niger*
（在黑暗中发光）
发现时间：2016 年
体长：6.5 m
栖息地：深海

布瑞安蓝纹鲈 *Grammatonotus brianne*

发现时间：2016 年
体长：9 m
栖息地：珊瑚礁

海洋中栖息着无数动植物，科学家每天都会发现这个广阔生态系统的新成员。海洋中的每种生物，无论是鲨鱼还是浮游生物，都在生态系统中扮演着独特的角色，任何一环的缺失或变化都会对整个生态系统产生负面影响。因此，生物多样性急剧丧失令人担忧。工业时代以来，某些地区的生物多样性下降了 65% ~ 90%。造成这种令人担忧的趋势的原因是人类对整个栖息地的破坏。水下拖网扫过海底，过度施肥和开发破坏了沿海湿地，塑料垃圾遍布海洋。由此带来的结果是灾难性的：物种的灭绝削弱了生态系统的生产力和调节能力。

1. 头足类：软体动物门头足纲动物，头部发达，常见的有章鱼、鱿鱼、乌贼、鹦鹉螺等。
2. 双壳类：软体动物门双壳纲动物，体侧扁，两侧对称，具两片贝壳，如贻贝、扇贝、牡蛎等。

生物多样性水平

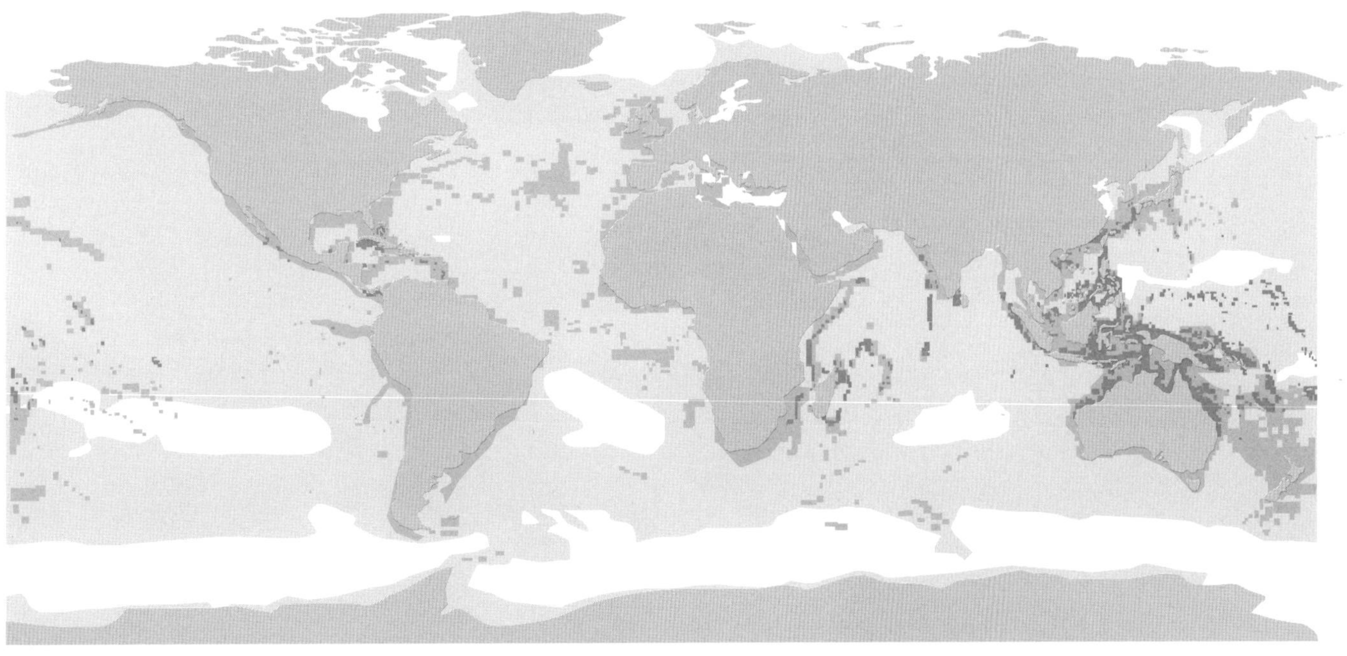

生物多样性　■ 很高（3364 ~ 8290*）　■ 高（554 ~ 3363）　■ 中等（92 ~ 553）　□ 低（1 ~ 91）

* 每 0.5 个经纬度栅格内的物种数

列入红色名录的受胁物种

（由于过度捕捞和兼捕[1]）

蓝鳍金枪鱼
Thunnus maccoyi

玳瑁
Eretmochelys imbricata

大西洋蓝鳍金枪鱼
Thunnus thynnus

大西洋蓝枪鱼
Makaira nigricans

浅黑下美鮨
Hyporthodus nigritus

伊氏石斑鱼
Epinephelus itajara

狐形长尾鲨
Alopias vulpinus

远东哲罗鱼
Hucho perryi

无沟双髻鲨
Sphyrna mokarran

双吻前口蝠鲼
Mobula birostris

印度真鲨
Carcharhinus hemiodon

加利福尼亚湾石首鱼
Totoaba macdonaldi

锯鳐
Pristis pristis

无刺蝠鲼
Mobula mobular

灰鳐
Dipturus batis

1. 兼捕：又称副渔获，以特定种类为目标的渔业捕捞中，附带捕获的其他生物，既包含了非目标种类，也包含了目标种类中不需要的规格、性别的渔获。

易危　濒危　极危

蓝鲸
Balaenoptera musculus

塞鲸
Balaenoptera borealis

赫氏海豚
Cephalorhynchus hectori

抹香鲸
Physeter macrocephalus

伊河海豚
Orcaella brevirostris

加湾鼠海豚
Phocoena sinus

绿海龟
Chelonia mydas

儒艮
Dugong dugon

数据来源：Abdulla 等（2013），世界自然保护联盟（IUCN）（2020）

过去 50 年间，世界自然保护联盟（IUCN）每年都会收录全球范围内面临灭绝风险的动植物物种编写濒危物种红色名录，以科学标准对物种进行分类和评估，以便能够更好地保护它们，从而保护生物多样性。目前数据库中已收录超过 77 000 个物种，其中 23 000 种处于易危到极危不等的受胁状态。生物多样性减少趋势在增强，过去 20 年间，全球受胁物种数量增加了不止一倍。

缺氧死区

① 城市、工业区排污
城市、工业区和污水处理厂有意或无意中将污水排入自然环境中。

② 农业排污
农业中使用的农药和化肥会渗入到地下水中，尤其是大雨一定程度上会将农药和化肥直接冲入河流和海洋。

③ 富营养化
富含营养的化肥和农药废水直接流入沿海海域。

⑤ 死亡生物体分解
来自藻类和浮游生物的死亡生物体沉入海底并在那里分解。这会消耗大量氧气，形成致命的极低氧区，并向外扩张，最终在外海与其他极低氧区连成一片。

④ 藻类暴发
由于养分的增加，沿海水域中的藻类等生物生产量增加。而藻类生长在表层海水中，疯狂生长的藻类会遮挡阳光，渐渐使深层海水变得更暗，从而使那里的植物因缺少阳光和氧气而死亡。

富营养化[1]可以改变整个沿海地区：特别是由于农业废水，河口附近的海域养分大量增加，导致异常的藻类爆发和植物生长，进而使更多的死亡生物体沉入海底。细菌分解植物残骸，并在此过程中消耗水中的氧气。无法适应环境变化的鱼迁徙离开，而生活在海底的生物大量死亡，海草草原消失了，剩下的都是有抗性的物种如水母和某些藻类。

1. 富营养化：是指氮、磷等植物营养物质含量过多引起的水质污染现象。

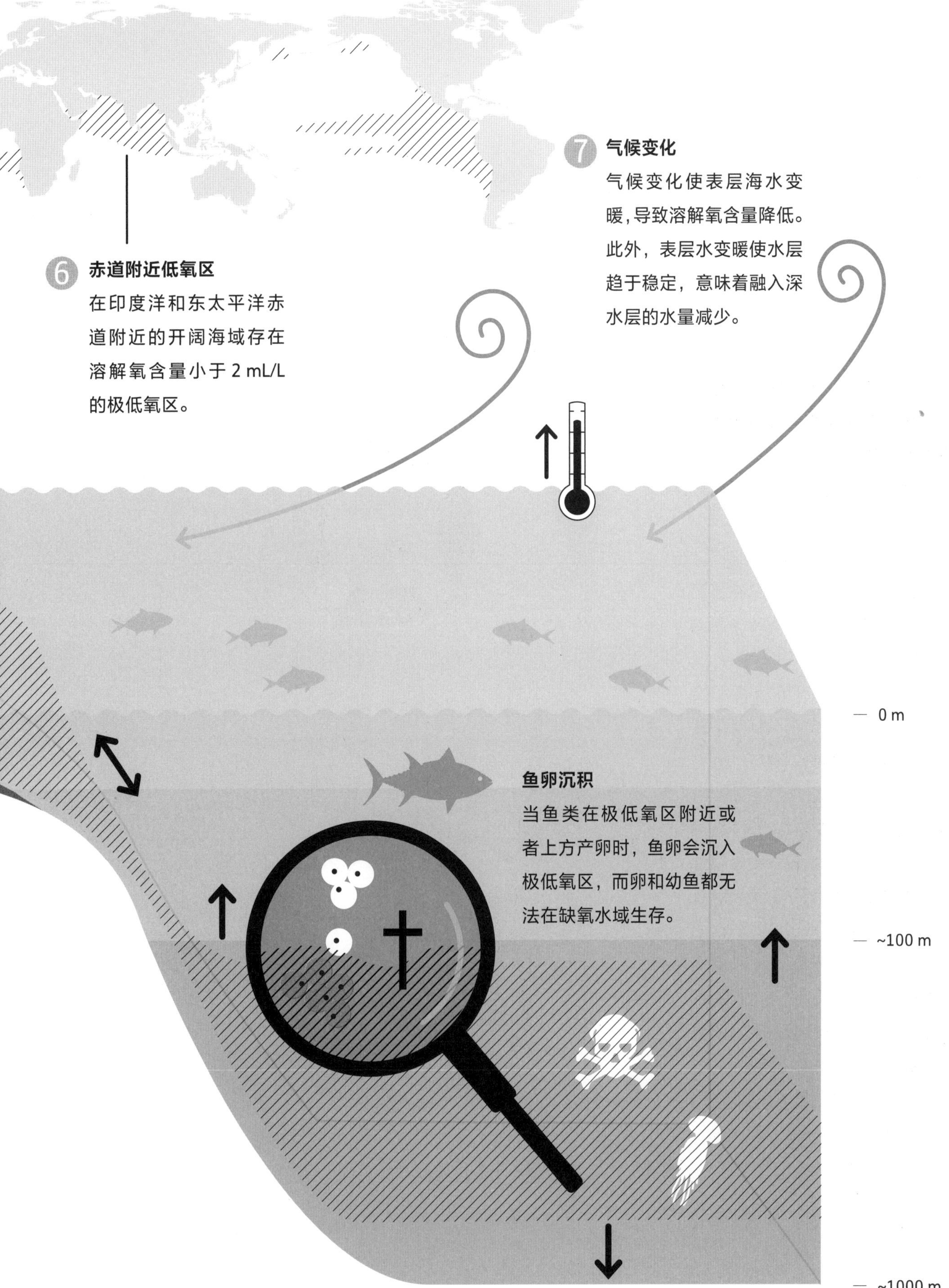

数据来源：Maribus（2010），Stramma 等（2010），美国国家海洋数据中心（NODC）/ 美国国家海洋和大气管理局（NOAA）（2005）

海洋
保护区的增加

为了保证人类和地球的可持续发展，必须要增加陆地和海洋的自然保护区数量。保护区可以保护生物多样性，有助于建立健康的生态系统，以更好地应对人为干扰和气候变化造成的问题。

这些保护区在保护鱼类资源和进行可持续的渔业活动中起到关键作用。

目前（截至 2016 年底）全球分布的 14 600 多个海洋保护区（MPA）总面积接近 1500 万 km^2，这相当于整个海洋面积的 4% 和各国沿海海域与领海面积的 10.2%。2014 年以来，各国领海内的保护区面积平均每年增长 1.8%，即 260 万 km^2。而在占总量 58% 的领海外海域，则只有 0.25% 部分得到保护，雪上加霜的是，这一区域的保护区几乎毫无增长迹象。

海洋保护的先驱有澳大利亚、新喀里多尼亚岛、南乔治亚岛、南桑威奇群岛。

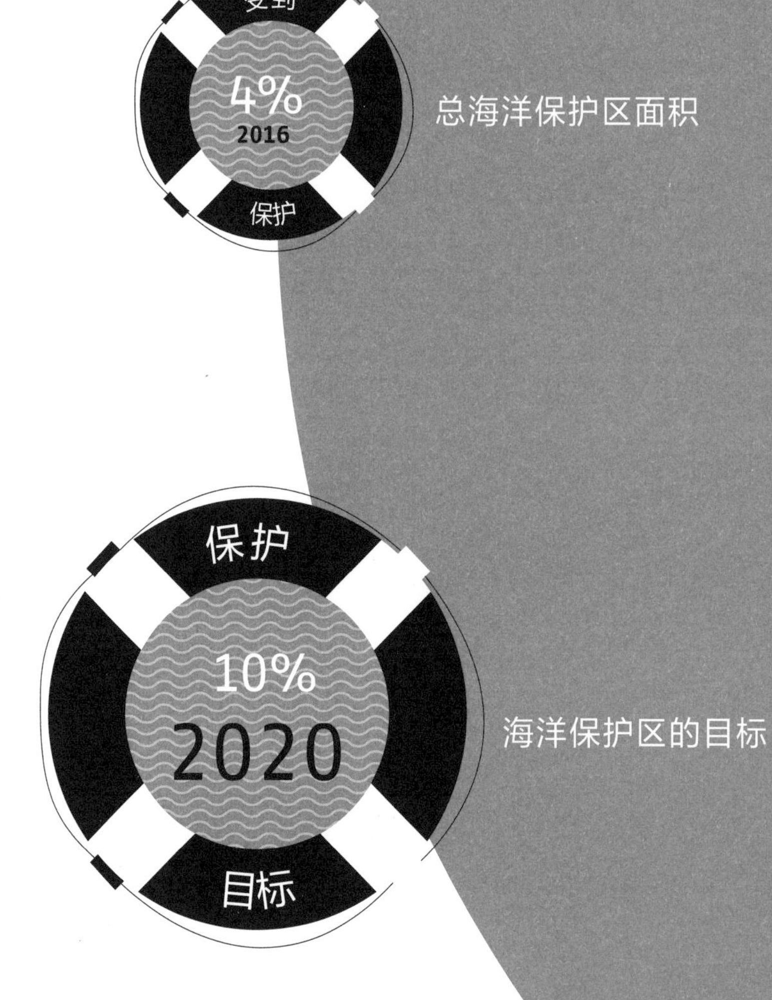

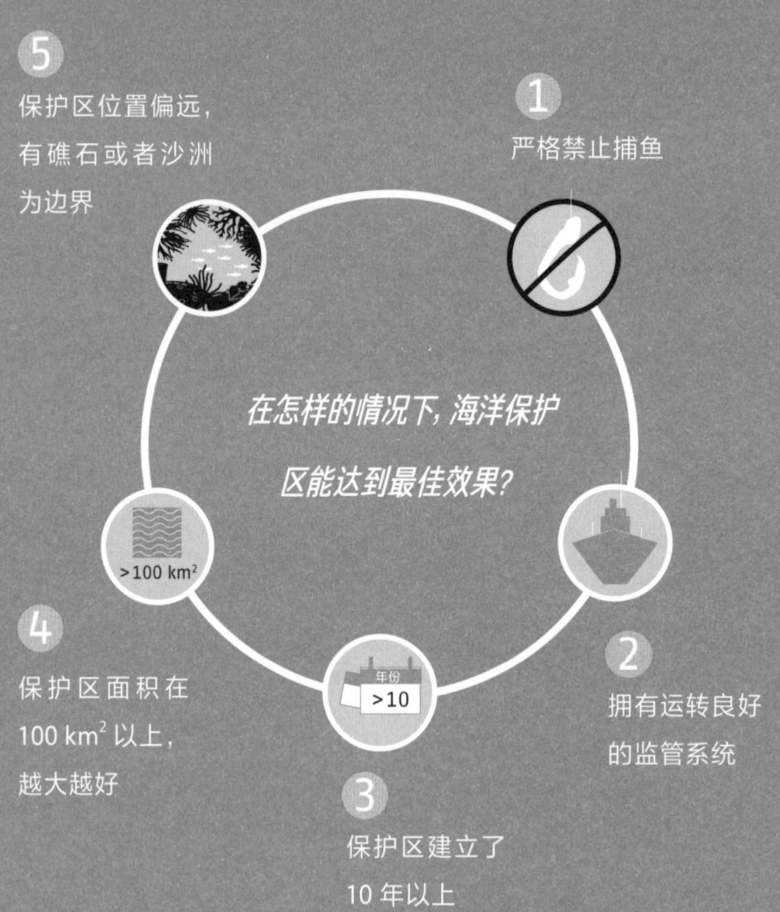

最近，对 29 个国家的 124 个保护区的研究发现，在保护区内，鱼类和其他海洋生物通常更多，生物多样性也更丰富。

禁渔的海洋保护区（MPA）

限渔的海洋保护区（MPA）

数据来源：澳大利亚环境部（AGDE）（2016），联合国环境规划署世界自然保护检测中心（UNEP-WCMC）/ 世界自然保护联盟（IUCN）（2016），Sciberras 等（2015）

»

尽管海洋生物多样性的重要性长期以来并不明确，

但是科学家们都认同，

生物多样性能够使海洋生态系统保持高效和稳定，

使栖息地自我调节的能力更强。

但是，过度捕捞、气候变化和污染

正日益破坏着海洋复杂的生物链。

«

——阿克塞尔·蒂默曼　教授/博士

马克斯·普朗克气象研究所，法国汉堡

→ 原因 → 直接后果 → 间接后果 → 解决方案

海洋捕捞的现状与未来

捕捞产业的真相

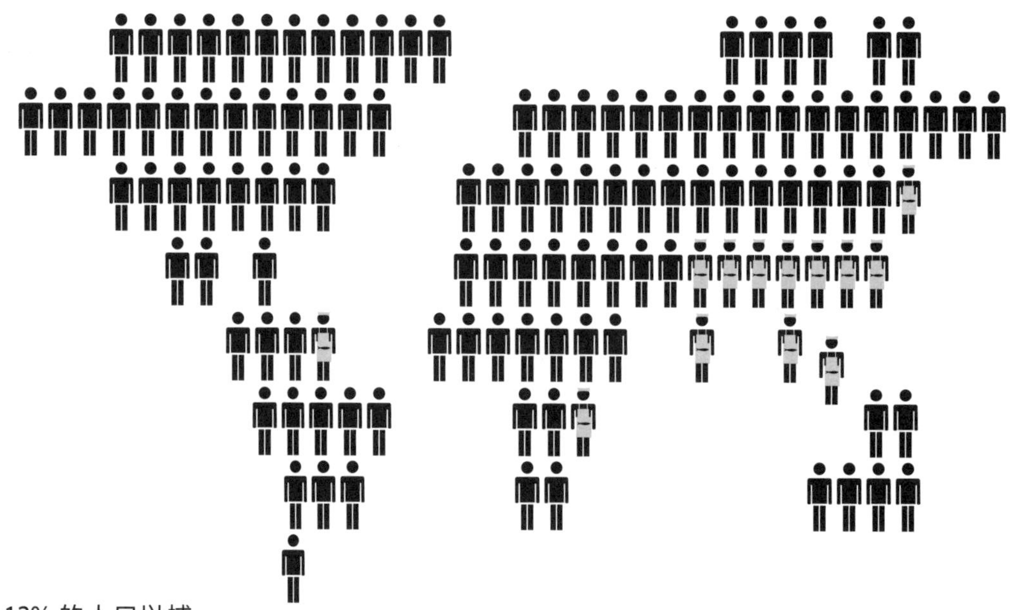

生计

全球 10% ～ 12% 的人口以捕鱼为生。其中亚洲人最多，占捕鱼从业人员的 84%，其次是非洲占 10%，以及拉丁美洲和加勒比海地区占 4%。

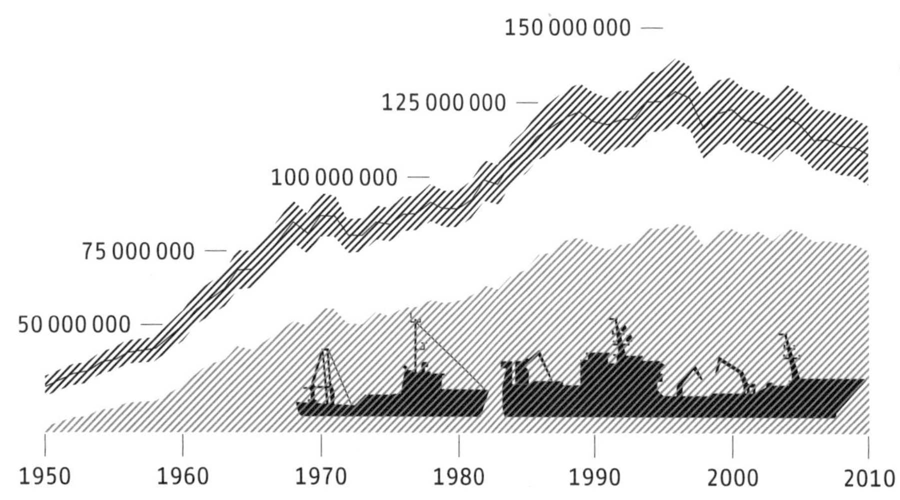

联合国粮食及农业组织（FAO）公布的官方总渔获量在 1996 年达到最高，为 8600 万吨，之后略有下降。但是，如果要计入非官方、非法捕鱼和副渔获量，科学家们修正后的最高总渔获量高达 1.3 亿吨，并在随后年份中急剧下降。

数据来源：联合国粮食及农业组织（FAO）（2016），Pauly & Zeller（2016）

年人均鱼类消费量
（全球平均）

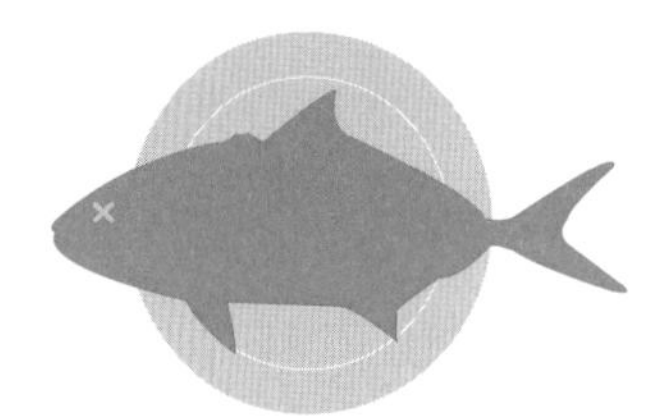

尽管某些国家的鱼类消费量维持稳定甚至下降，但发展中国家的鱼类消费却在稳步上涨。然而，鱼类消费量最高的还是发达国家，人均每年 26.8 kg，主要依赖进口。

全球超过
10 亿
人以鱼类作为基础食物。

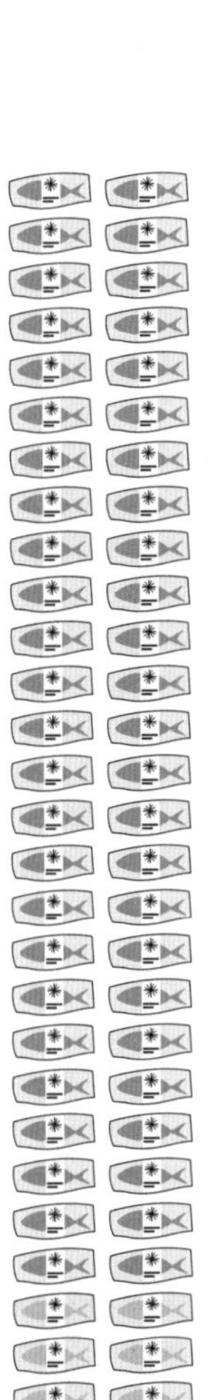

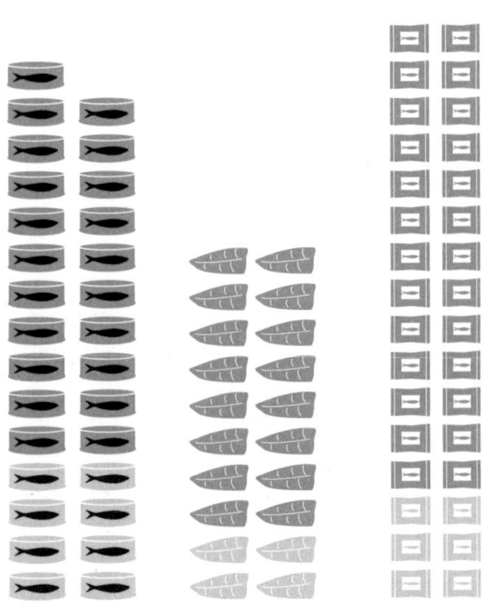

鱼类加工

发展中国家的鱼类消费主要是鲜鱼，而发达国家购买的鱼类大多是冷冻的。总的来说，大多数鱼类是在发展中国家捕捞和加工的。

发展中国家
发达国家
一百万吨（活重）

高强度的捕捞

当捕捞的鱼群数量超过自然繁殖和迁徙补充的数量时，即为过度捕捞。事实证明，尽管人们改进了捕鱼方式，延长了捕鱼航程，并增加了捕鱼投入的工作量，但渔获量仍然在下降。据科学模拟和研究，有 30% ~ 55% 的鱼类种群被过度捕捞或已崩溃。

当鱼类资源在短短几年内不成比例地减少时，即为鱼类种群崩溃。在这种情况下，任何方式都无法再复苏鱼类种群。

为了可持续捕鱼，必须在全球范围内建立和执行基于科学分析预测的捕鱼配额，特别是对过度捕捞的物种。

数据来源：Watson 等（2012）

高强度捕鱼区（2006 年）

捕鱼船队：产能过剩

全球捕鱼船队估计有 470 万艘船，
足以过量消耗我们的渔业资源。

配备鱼类加工设备的超级拖网渔船，长 120 ~ 144 m，
可在海上连续作业几个月。

配备鱼类加工设备的渔船，长 70 ~ 90 m，
可在海上连续作业 1 ~ 2 个月。

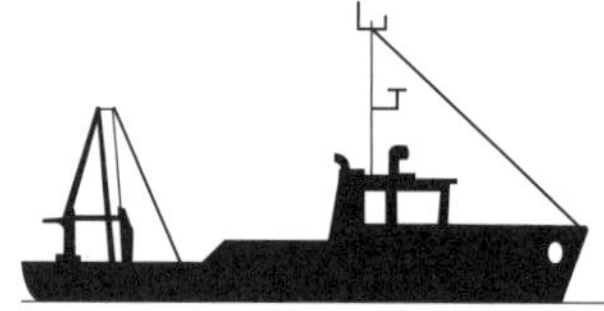

现代渔船，长 25 ~ 45 m，
可在海上作业 1 ~ 4 周。

传统渔船，长 7 ~ 10 m，
最多作业 1 天。

0 m　50 m　100 m　140 m

250 000 人　　60 000 kg 鱼

单程最大捕鱼量

7 000 000 kg

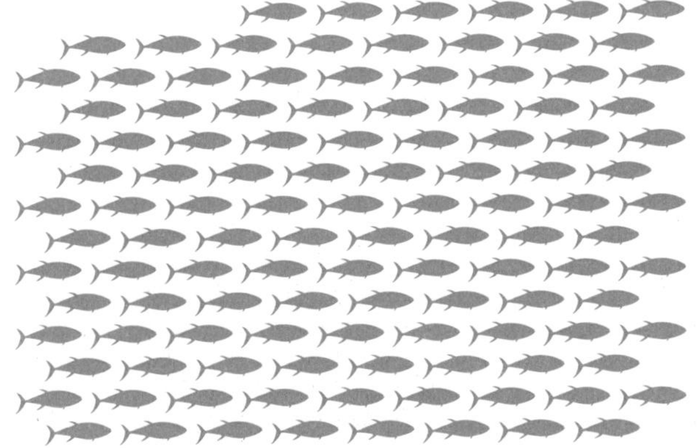

全球从事工业化捕鱼的人数

500 000 人

全球从事传统方式捕鱼的人数

12 000 000 人

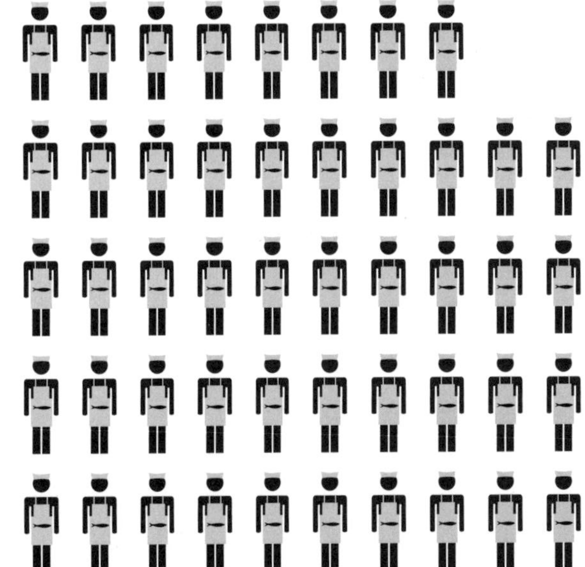

1 000 000~1 500 000 kg

60 000 kg

30~300 kg

数据来源：欧盟（EU）（2016），绿色和平组织（Greenpeace）（2014），船务公司（Reedereien）（2017）

工业化捕鱼方式

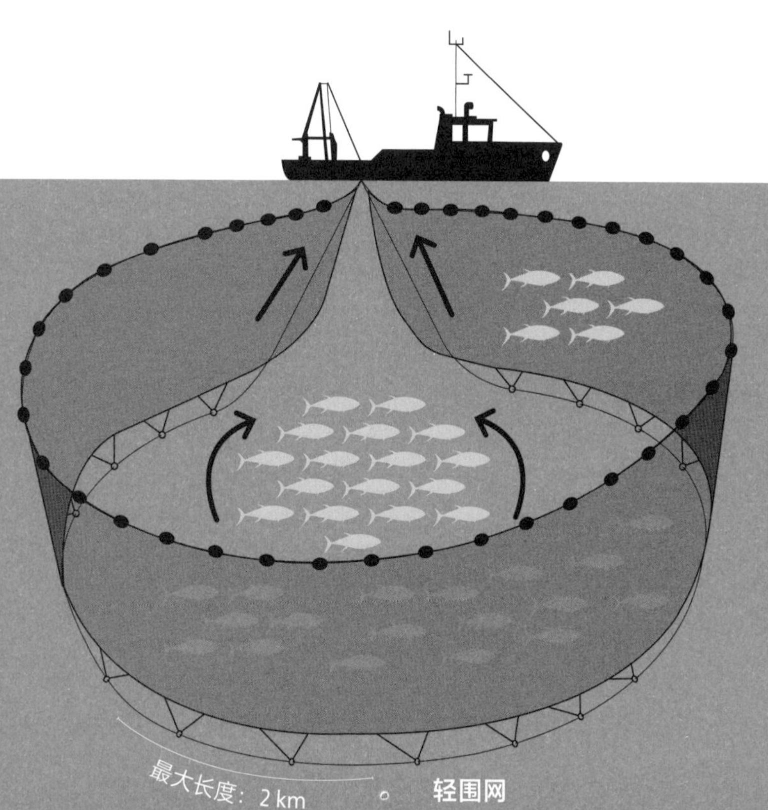

轻围网

仅在声呐探测到金枪鱼群时才会投放。如图所示，当渔船靠近鱼群时，会将轻围网放入水中，然后从下方牵引收网。这一捕鱼方式相对温和，副渔获比例为 1% ~ 8%。

最大长度：130 km

延绳

可长达 130 km，有多达 20 000 个鱼钩。这种作业方式的目标通常是金枪鱼和剑鱼。用这种方法，像鲨鱼和海龟这样的副渔获往往很高，可占整个渔获量的 1/3。

底拖网

扫过海底，作业过程中扫荡海床并破坏各种海底植被。捕捞目标为鳕鱼、虾和鲽鱼。底拖网的捕捞是高度非选择性的，根据不同的捕捞目标，会有不同程度的兼捕，兼捕量特别高：例如每捕捞 1 kg 大虾，会产生 10 ~ 20 kg 的兼捕。

最大长度：200 m

部分副渔获被带到陆地上投放进市场或者制成鱼粉。无意中捕获、受伤或者死亡的海洋生物一般被扔到船外。在许多国家这种抛弃行为是违法的。

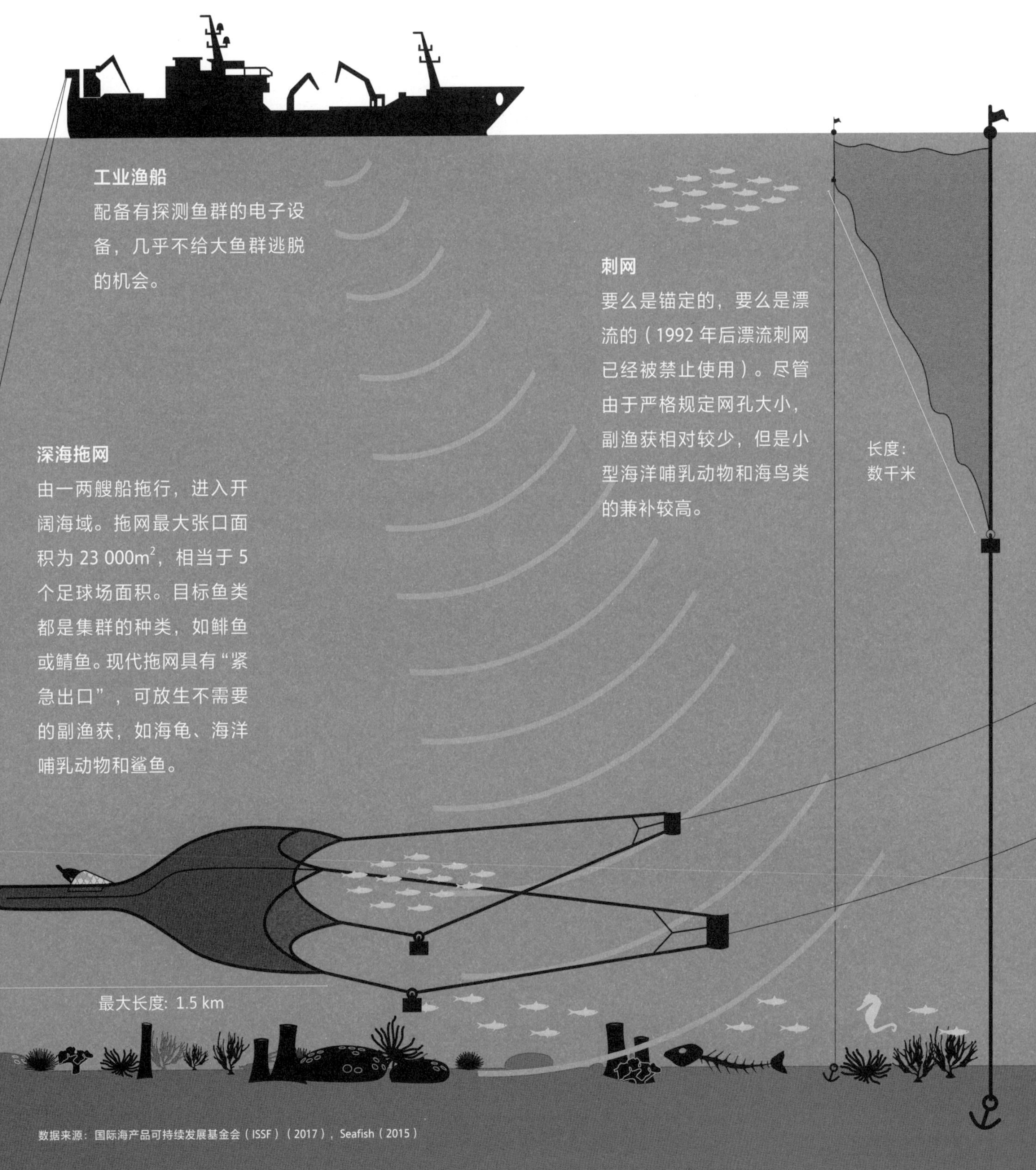

数据来源：国际海产品可持续发展基金会（ISSF）（2017），Seafish（2015）

传统捕捞

传统捕捞

传统渔船的长度不超过10 m，并且是敞开式的，如图中所示的马提尼克岛的传统捕鱼方式。

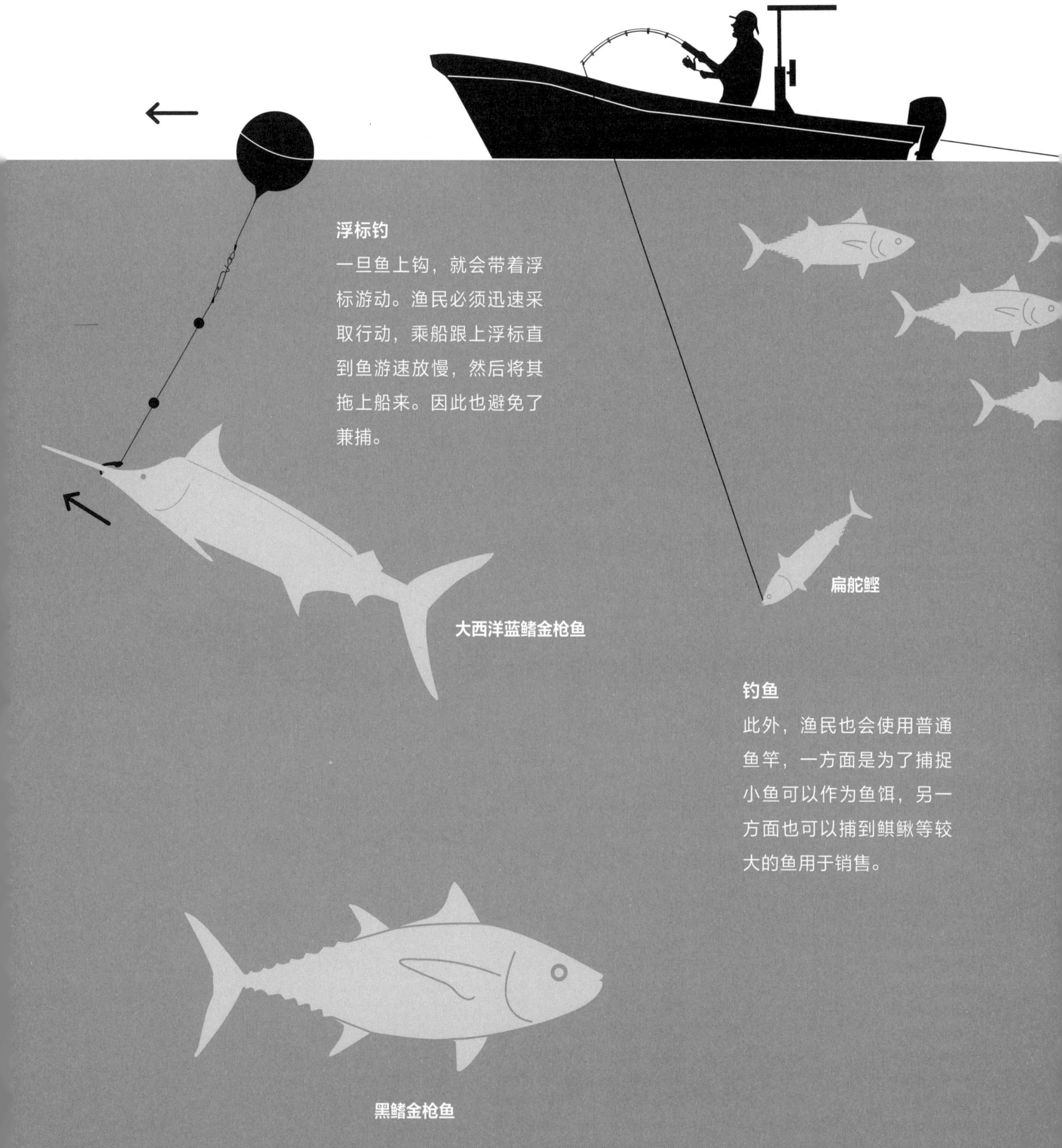

浮标钓

一旦鱼上钩，就会带着浮标游动。渔民必须迅速采取行动，乘船跟上浮标直到鱼游速放慢，然后将其拖上船来。因此也避免了兼捕。

大西洋蓝鳍金枪鱼

扁舵鲣

钓鱼

此外，渔民也会使用普通鱼竿，一方面是为了捕捉小鱼可以作为鱼饵，另一方面也可以捕到鲯鳅等较大的鱼用于销售。

黑鳍金枪鱼

数据来源：Preston 等（1999）

FAD：鱼聚集装置

将浮标锚定在海床上，后面拖着一条绑有一些发光布条的线，就成了一个传统的鱼聚集装置（FAD）。这个“庇护所”会吸引一些小鱼，而这些小鱼又会吸引大鱼。这样的方法非常适用于小规模渔民捕鱼。当工业化捕鱼也使用这一装置时，FAD会导致副渔获中濒危物种和生物幼体比例很高。

表层拖钓

船后方拖着一条饵线，鱼饵浮在水面，或因额外加重而位于深处。

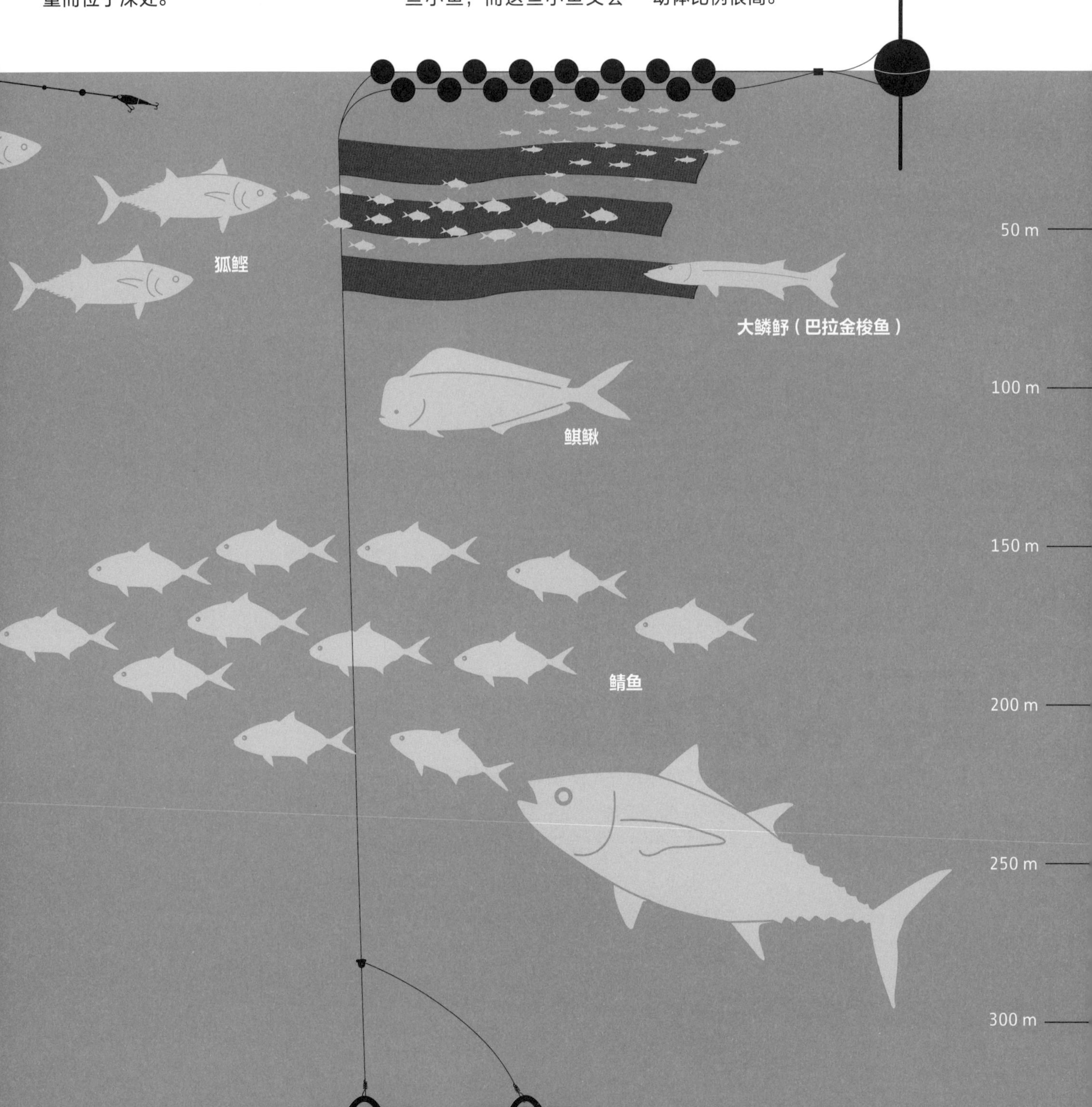

30% 的金枪鱼种群存在过度捕捞

1950 年全球金枪鱼捕捞量

40 万吨

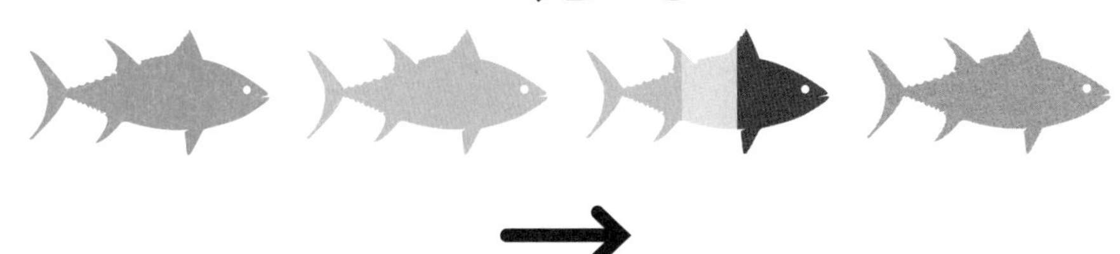

“根据联合国粮农组织（FAO）数据，2015 年全球金枪鱼的捕捞量超过 500 万吨。其中 300 万吨为狐鲣(鲣鱼)，用于制作罐头；其次是黄鳍金枪鱼（150 万吨），广泛用于制作生鱼片和寿司；其后是大眼金枪鱼（40 万吨）和长鳍金枪鱼（23 万吨）。高度濒危且价格高昂的大西洋蓝鳍金枪鱼总捕捞量仅为 40 000 吨，仅占全球金枪鱼捕捞量的 1%。

并非所有金枪鱼种群都处于濒危状态，但是大约 30% 的金枪鱼被过度捕捞，而只有 17% 的种群处于中度捕捞或稳定状态（国际海产品可持续发展基金会 ISSF）。”

——马蒂亚斯·沙伯　博士
屠能海洋渔业研究所

数据来源：联合国粮食及农业组织（FAO）（2016），国际海产品可持续发展基金会（ISSF）（2017）

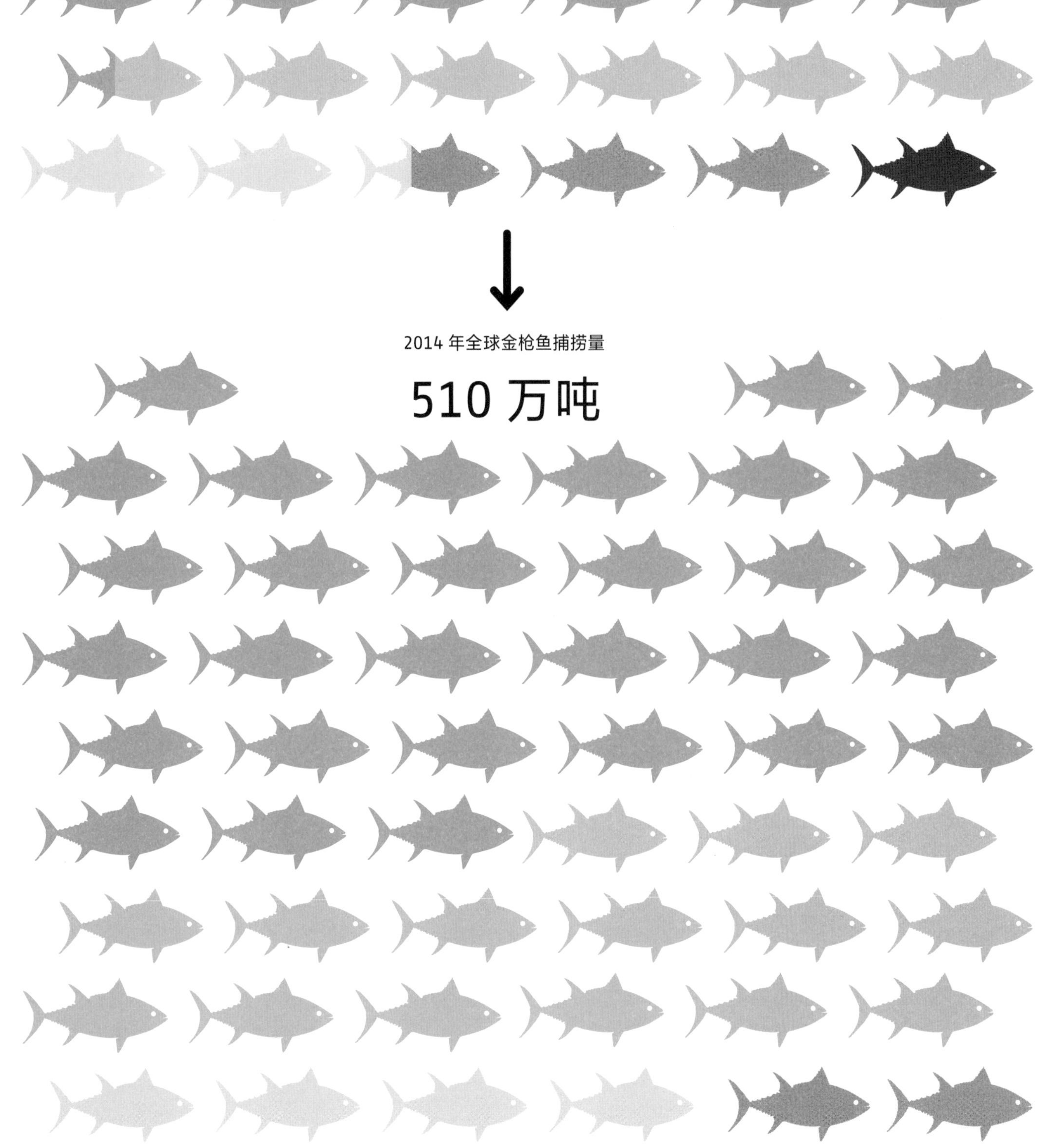

狐鲣 / 鲣鱼
黄鳍金枪鱼
大眼金枪鱼
长鳍金枪鱼
蓝鳍金枪鱼
每个图标代表约 10 万吨
1976 年全球金枪鱼捕捞量
180 万吨
2014 年全球金枪鱼捕捞量
510 万吨

鲨鱼因何濒危？

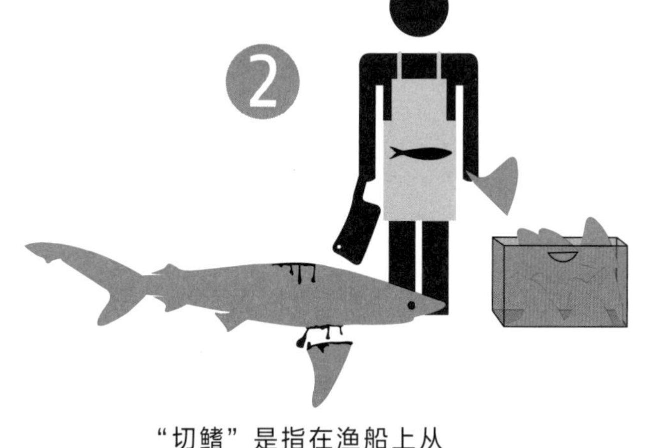

“切鳍”是指在渔船上从活的鲨鱼身上取走鱼鳍，然后将鱼体扔回海里。按照法律，渔民必须将整只鲨鱼带回岸上，但是鲨鱼身体笨重，一般加工时间长且味道不佳，很难出售。

每年无论是合法还是非法，直接或者作为副渔获捕捞的鲨鱼估计有6700万到2.73亿条，主要是通过延绳捕捞。亚洲对鱼翅这种“美味”的需求量很高，每年2300万到7300万条鲨鱼的鱼鳍出口到亚洲。鱼鳍通常被切下来，这种做法叫做“切鳍”。

经过4.2亿年的演化，鲨鱼已经成为众多海洋生物中的顶级掠食者。它们作为“珊瑚礁警察”对维护海洋生态系统平衡起到至关重要的作用。在已知的超过450个鲨鱼种类中，有1/4处于灭绝边缘。其中很多都已经锐减到原始种群数量的20%了。鲨鱼生长很慢而且繁殖量通常也很少，因此经历过度捕捞后需要更长的时间才能恢复种群。

数据来源：Clarke等（2007），欧盟委员会（EC）（2011），联合国粮食及农业组织（FAO）（2014），世界自然保护联盟（IUCN）（2003），野生救援（WildAid）（2014）

3 渔民将失去鳍却依然活着的鲨鱼扔出船外，它们沉入海底且无法游动，也就无法通过鳃获取水中的氧气，这会导致它们窒息或者重伤而亡。

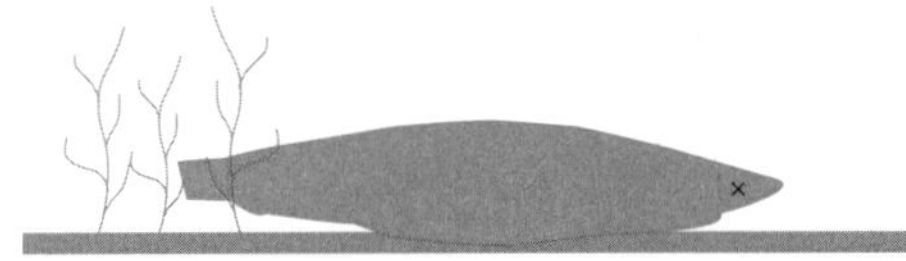

4

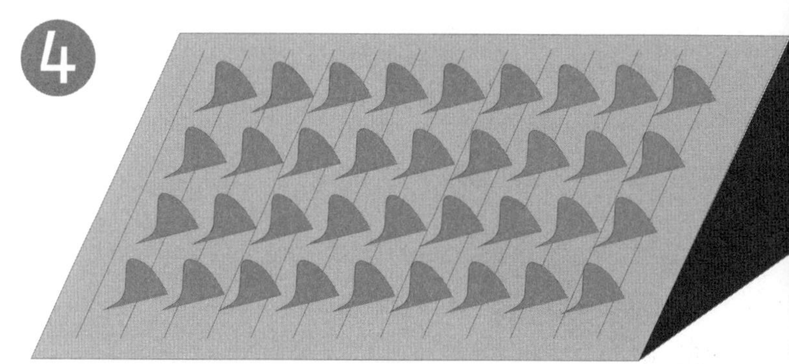

每年中间商在他们的港口屋顶或后院非法晾干约 2.6 亿根鱼翅。

5

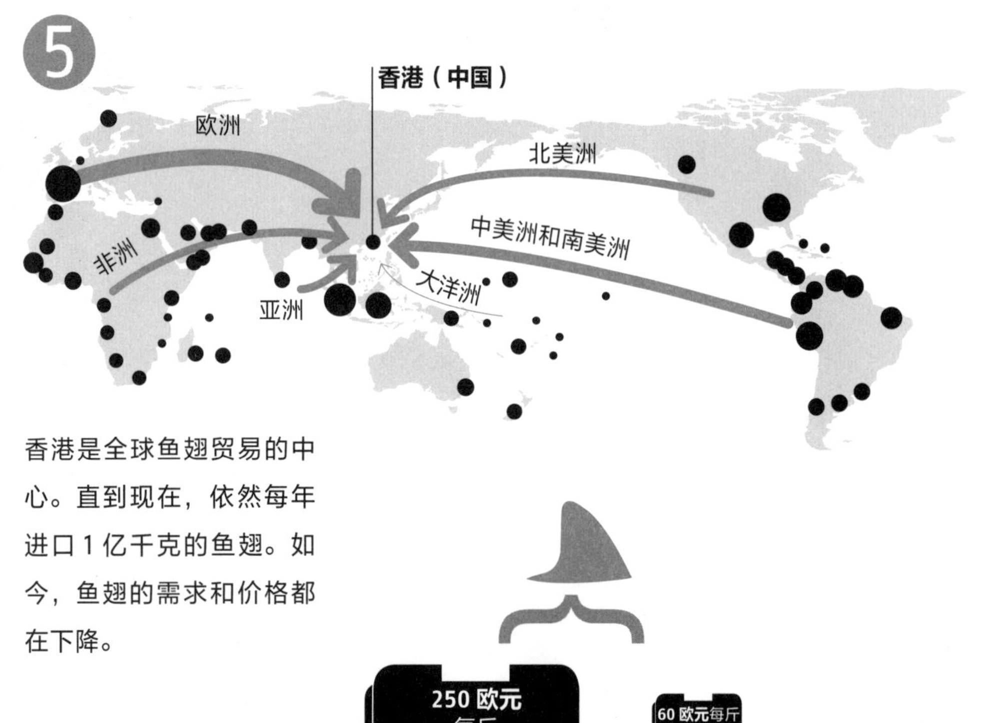

香港是全球鱼翅贸易的中心。直到现在，依然每年进口 1 亿千克的鱼翅。如今，鱼翅的需求和价格都在下降。

6

在中国，鱼翅羹是一道传统宴席汤品。人们开展自然教育活动，致力于将这道菜从全球顶级餐厅的菜单上删掉。此外，鱼翅药酒和鱼翅粉作为功能补品在亚洲广泛销售，但其功效从未得到证实。

日本太地町的海豚捕捞

1
渔民包围海豚，并锤击从渔船上伸到水中的铁杆，从而产生声音屏障使海豚迷失方向，将它们驱赶到太地町海湾。
2
渔民用几道网封闭了海湾，将海豚关在笼子里，在海豚训练师的帮助下进行筛选。
死亡区
畠尻湾
太地町

3

渔民挑选部分可爱且没有疤痕的海豚接受训练，并出售给世界各地的海豚馆，一只这样的海豚价值 3.5 万至 25 万美元。

太地町是全球水族馆和海豚水上项目的最大海豚供应方。仅从 2015 年 9 月到 2016 年 3 月这半年间，太地町就捕获了 117 只海豚进行训练和出售。

4

渔民用金属鱼叉刺入观赏海豚外所有海豚头部，将它们残忍杀死。杀死后的海豚一只价值 600 美元。根据官方配额，渔民在日本海域每年可以猎杀 2 万只海豚。尽管汞含量很高，海豚肉通常以鲸肉名义在日本超市销售，或者被加工成肥料或动物饲料。

汞是世界上对包括人类在内的哺乳动物毒性最强的非放射性物质[1]。海水中的甲基汞[2]含量非常低，但会被藻类吸收并由此进入食物链。在食物链中，每上升一级，生物体内的甲基汞含量最多可增加 10 倍，而海豚处于食物链顶端。在太地町出售的海豚体内，甲基汞含量是联合国公布的安全水平的 5000 倍。

1. 非放射性物质：不会因原子核衰变而放出射线的物质，不具有辐射危害。
2. 甲基汞：汞的甲基化产物，也是汞最常见的存在形式，具有神经毒性。

数据来源：ceta-base（2012），海洋守护者（Sea Shepherd）（2016）

濒危的海龟

海龟经常返回其出生的海滩产卵，每次可产下 1000 枚卵。平均每 1000 枚卵只能育成 1 只性成熟的海龟。海龟卵埋在沙子中，缺乏保护，郊狼、狗、鸟类和偷猎者都能轻而易举地将它们挖出来。而一只玳瑁需要 20 ~ 40 年才能性成熟。

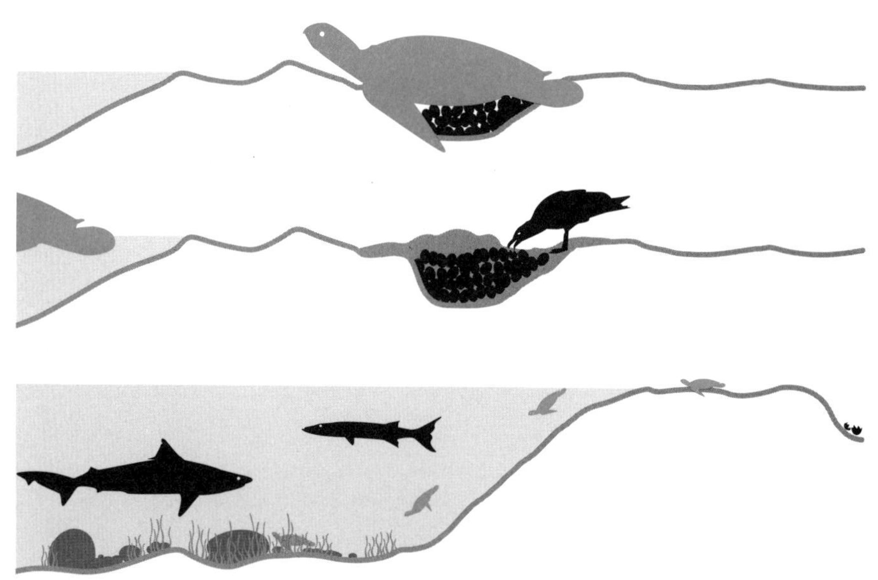

数据来源：Brewer 等（2006），减少野生动物副渔获物联盟（CWBR）（2017），Haine 等（2005），Lewison 等（2014）

兼捕程度：低 高 拖网 刺网 延绳

每年有 8000 万吨渔获从海上拖到陆地，其中约 30% 是副渔获物——包括海龟——它们被扔到船外，受伤或死亡。

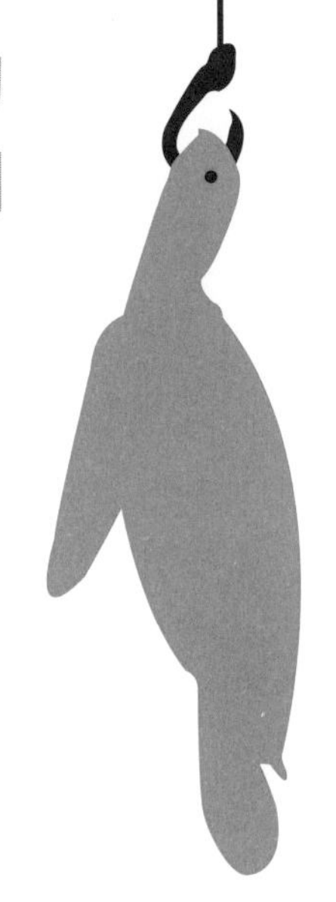

海龟不仅作为副渔获物被捕捞，有时偷猎者会为了肉和龟壳非法捕杀它们。许多海龟因塑料垃圾缠绕，或把塑料袋当作其主食水母误食而死亡。

海龟可以在水下憋气达 45 分钟，但超过这个时间则必须上浮换气。每年约有 25 000 只海龟因被延绳、拖网或刺网困住而窒息死亡。

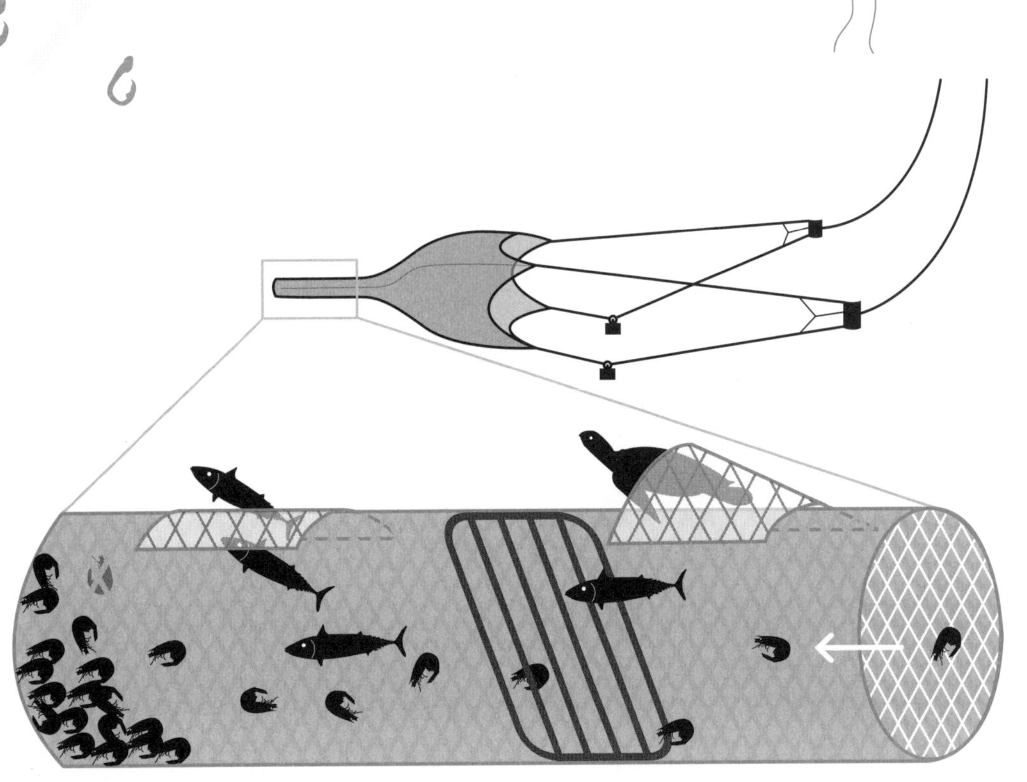

在澳大利亚，自引入有海龟和鱼类逃生出口的捕虾拖网以来，海龟因兼捕而伤亡的情况减少了 90%。由于拖网在水中拖行的速度大于虾的游泳速度，虾陷入拖网后会集中在拖网底部，无法逃脱。这种拖网对渔民也有利，因为用普通网捕获的虾大约有 40% 会被副渔获物压死。

水产养殖规模

现在全世界每年 1.67 亿吨的鱼类产品中，约 50% 来自于水产养殖业

来自于水产养殖的全球鱼类产品

世界

89 %

的水产养殖业位于亚洲，其中 62% 来自中国。

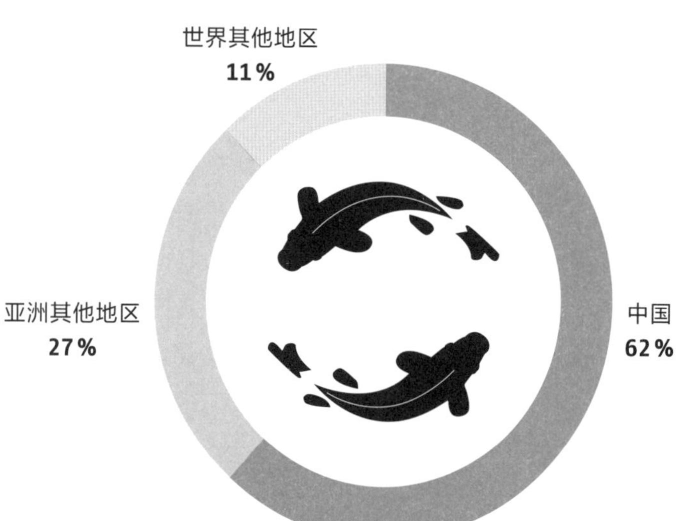

数据来源：联合国粮食及农业组织（FAO）（2016），Maribus（2013）

5
在养殖水产品体内发现的抗生素

- 土霉素
- 4- 差向土霉素
- 磺胺二甲啶
- 奥美托普
- 弗吉尼亚霉素

三文鱼

罗非鱼

鳟鱼

虾

全球水产设施中养殖了约 600 个不同的物种——包括藻类、海绵、软体动物、大虾、鱼类和青蛙。

每 1 kg 的可食用鲤鱼需要 2.3 kg 饲料喂养。

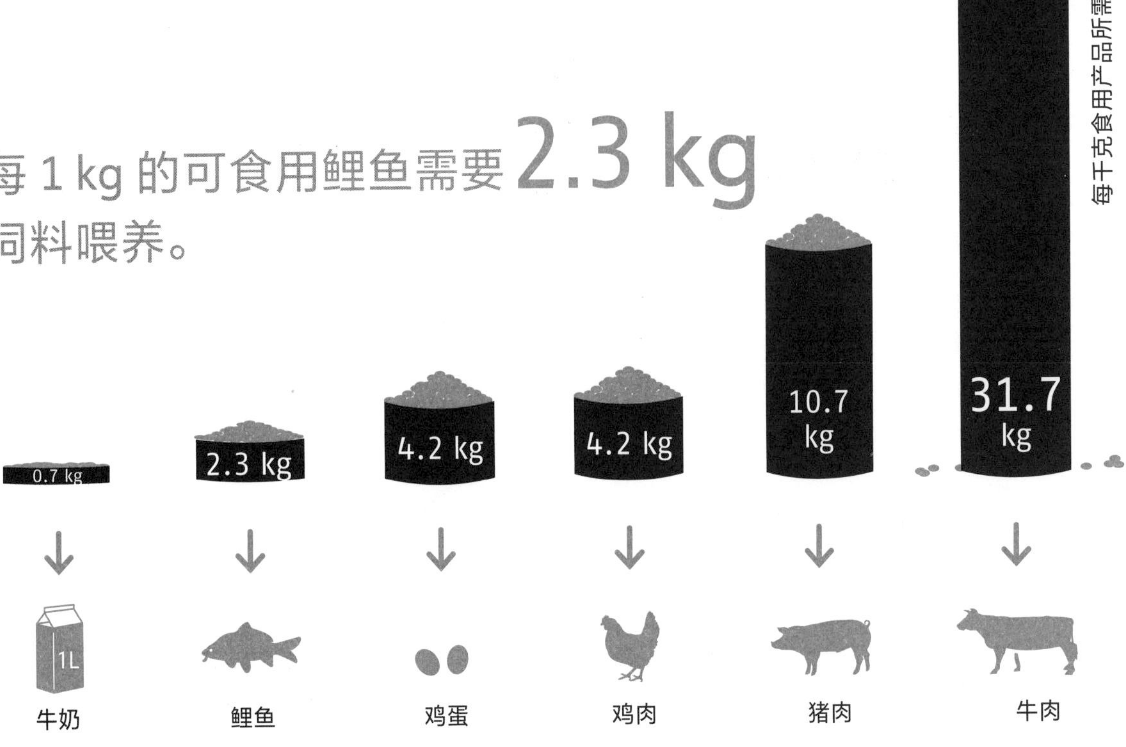

工业化水产养殖

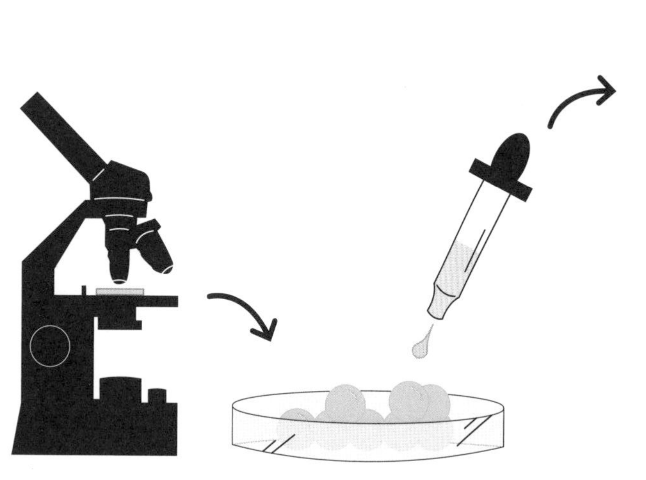
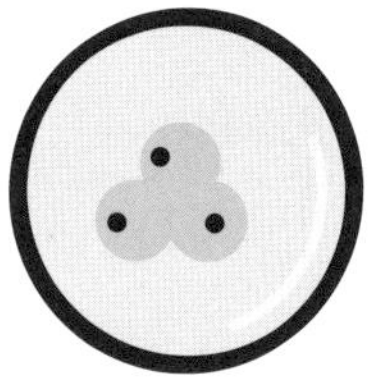
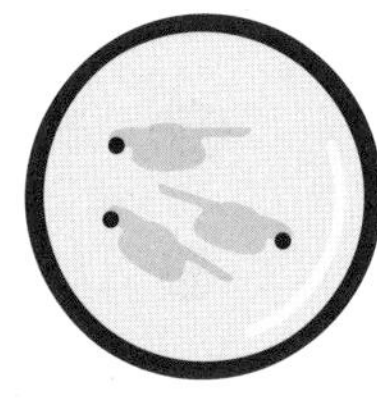
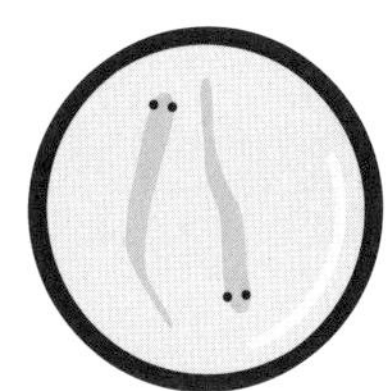

人工繁育

将鱼卵人工授精，然后在实验室人工检测并分类。当幼鱼 30 天大时，将它们从产卵场转移到饲养池中。

在水产饲养池中饲养

狭窄的空间和水泵的噪声使鱼类处于持续的紧张状态，并导致它们食量减少，发育减缓且易患病。由于在饲养池中疾病能迅速蔓延，因此人们会给鱼类喂食抗生素作为预防。

传统方案　**替代方案**

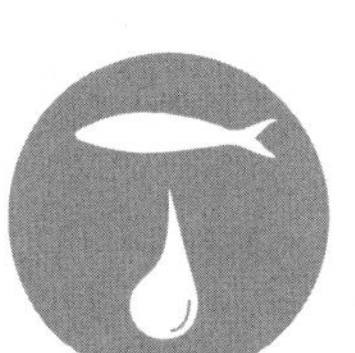

鱼油　大豆油 / 菜籽油

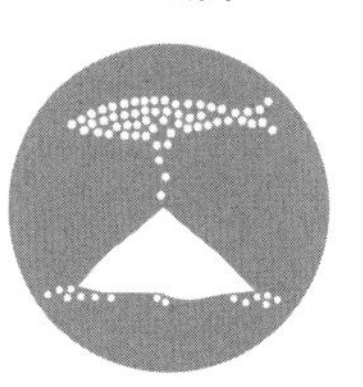
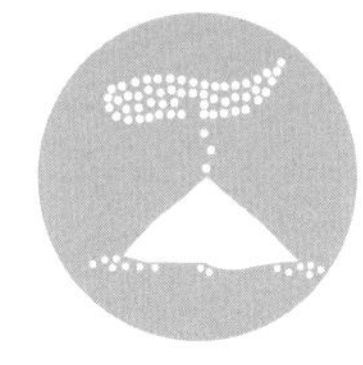

鱼粉　虫粉

水质净化

通过几个步骤，水中的粗颗粒被滤出，然后流经更细密的生物过滤器，并补充氧气，经紫外线消毒，最后输回鱼池中。就这样，饲养池中的水不断循环流动。

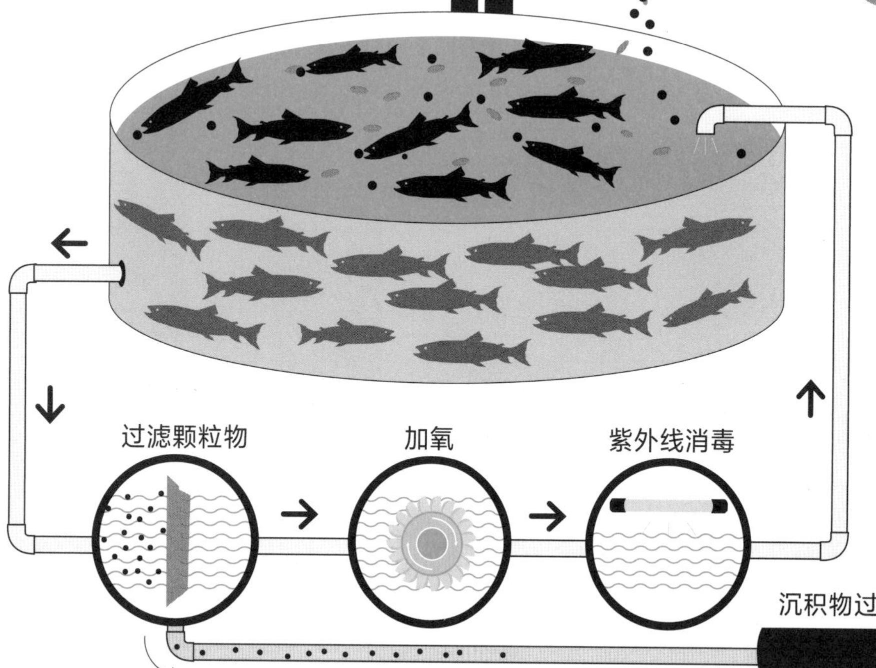

数据来源：Maribus（2013），联合国粮食及农业组织（FAO）（2014）

海洋水产养殖

直接在海洋中设置网箱，上方用网盖住避免鱼类被海鸟捕食，通过网箱中央的投食机给鱼喂食。

其他形式的水产养殖

滤食性的双壳类和海藻生长在垂悬在水中的吊线上。这些生物从周围的海水中获取营养，或滤食水中的浮游生物，因此不需要额外投放肥料或饲料。

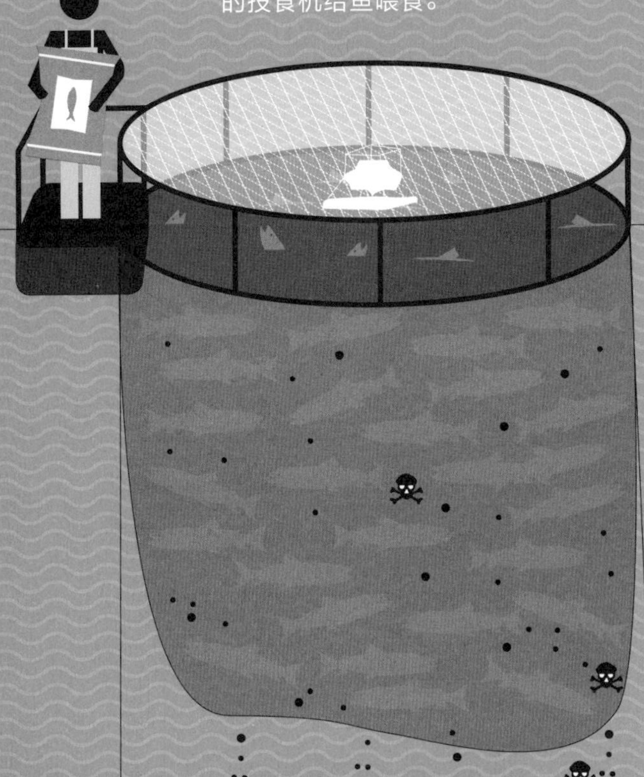

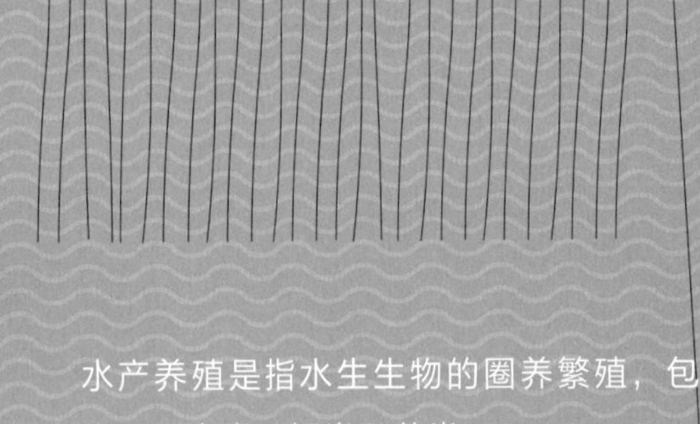

网箱选址

网箱设置在可以乘船快速到达的安全海湾中，避免遭受巨浪和暴风影响。未食用的饲料和鱼类排泄物汇集在网箱下面并使海湾富营养化。抗生素残留也会进入海水并可能会损害海洋生态系统和海洋生物。

水产养殖是指水生生物的圈养繁殖，包括鱼类、双壳类、蟹类和藻类。

水产养殖有其优点和缺点。它可以满足全球人类对蛋白质的需求，有时还能同时保持对环境和动物友好，例如罗非鱼和鲤鱼养殖。但还是有批评的声音：由于密集养殖及其带来的压力，水产养殖经常被人们拿来与工业化家禽养殖相比。养殖的水产难以按照自身天性自由移动，必须依靠抗生素才能繁殖和生存。尽管与富含农药的农业废水相比，水产养殖业的废水可以说微不足道，但它们还是会导致河流和海湾富营养化。

鱼类和贝类等海洋水产的混合养殖可以克服某些弊端：双壳类可以滤食因富营养化而爆发的藻类，减少富营养化带来的危害。但是，它们也会将浮游生物体内的污染物和抗生素富集在体内。

未来的水产养殖

鱼菜共生系统

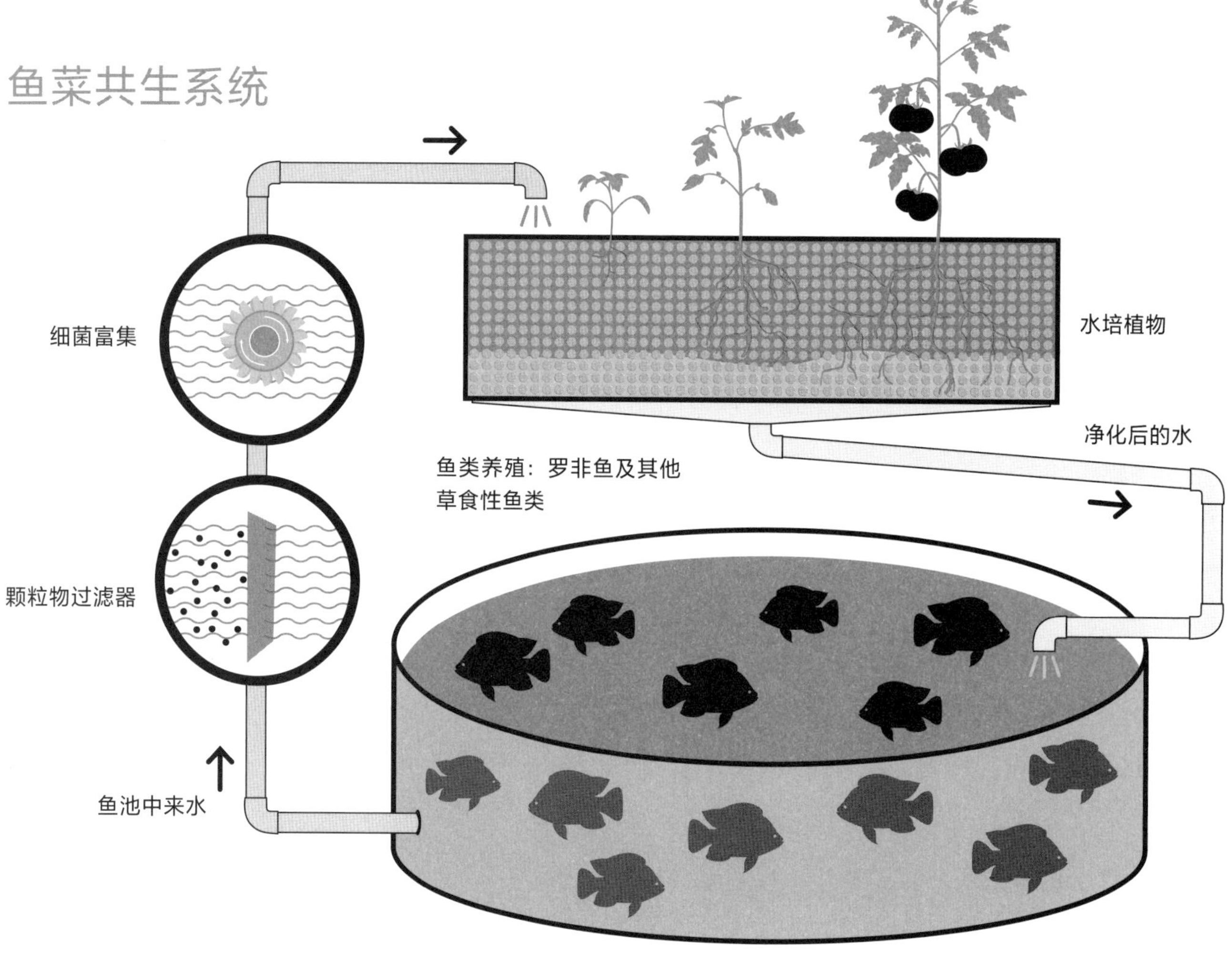

这是一个近乎完美的循环：污染的鱼类养殖废水直接从饲养池中抽到种植西红柿或者其他植物的农场。水中的粗颗粒物被去除，然后添加细菌，这样有助于植物吸收养分。这种天然肥料为植物提供了养料，使植物生长更快、产量更高，同时又起到了净化水质的效果。净化后的水可输回鱼池利用。水培的植物向水中添加了足够的养分，因此作为鱼类食物的生物可以在其中充分生长，大大减少甚至免除了饲料的需求。因为过滤技术耗电大大减少，这种装置的 CO_2 消耗率也降低了。鱼池中养殖密度更小，卫生标准更高，可以缓解鱼类压力并降低患病风险，因此无需为了预防疾病而使用抗生素。

通过这种方式，可以实现可持续且环保的鱼类养殖。鱼菜共生模式目前还在研究中，世界范围内达到产业化规模的应用还很罕见。

数据来源：加拿大渔业与海洋部（DFO）（2013），Maribus（2013）

综合多营养水产养殖（IMTA）

网箱养殖鲑鱼是系统中唯一需要额外饲料的物种。它们的排泄物和剩余饲料为系统其他生物提供了营养。

鱼类排泄物和剩余的食物漂到生长在网栏附近的双壳类和海藻周围，它们从“废物”中滤出食物颗粒，依次吸收其中营养。

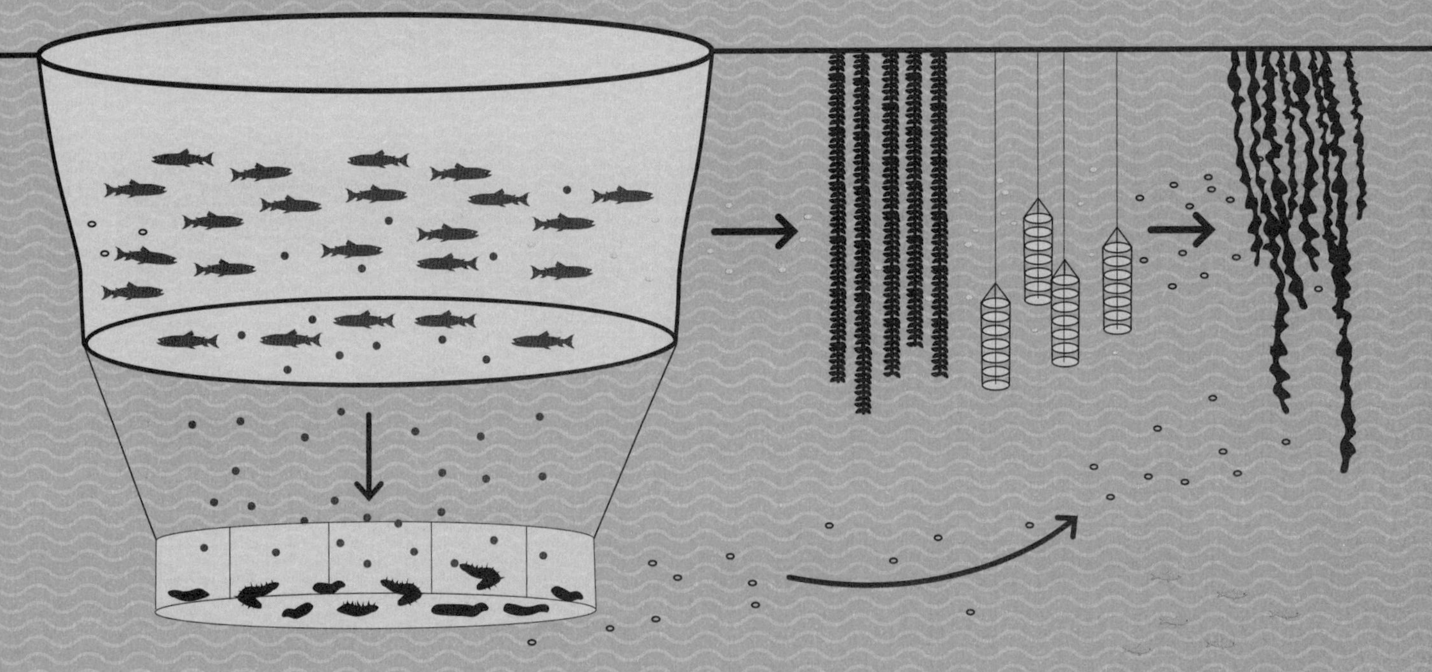

鱼类网箱下面的是海参网箱，海参会吃掉沉淀下来的饲料残渣和鱼群排泄物。

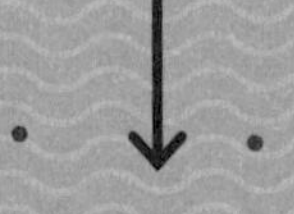

综合多营养水产养殖（IMTA）减轻了水产养殖相关的负面效应，例如过度施肥，有利于保持养殖场周围的生态平衡。这种新型的水产养殖业正在塑造养殖产业的未来，具有良好的经济性：相同数量的饲料和空间可带来更高的产量和更多品种的产品以供应市场。该系统遵循永续耕种的原则，与单一耕种相反，这意味着需要培育整个生物群落而不是养殖单一品种。研究人员现在正在尝试研究哪些其他生物可以加入 IMTA 系统。

最终残留的营养物质会沉入海底，促进藻类生长，而这些藻类又会被海胆等底栖海洋动物采食。

非法捕捞

根据定义，非法捕捞是指渔船在未经授权的情况下出海并进入其他国家的领海内捕捞，无视捕捞法规、捕捞季节或保护区范围，或者未登记和报告捕捞量和上岸量。

非法捕捞量

全球一年非法捕捞量估计为 2000 万至 3200 万吨

合法捕捞量

全球一年合法捕捞量为 8000 万至 9000 万吨。

非法捕捞的对象通常是昂贵的过度捕捞品种。在北半球，主要是鳕鱼、鲑鱼和龙虾，而在南半球，则以小龙虾和虾等淡水物种为主。每年估计有 100 亿到 230 亿美元的产值绕过了所有政府税收和捕捞法规。

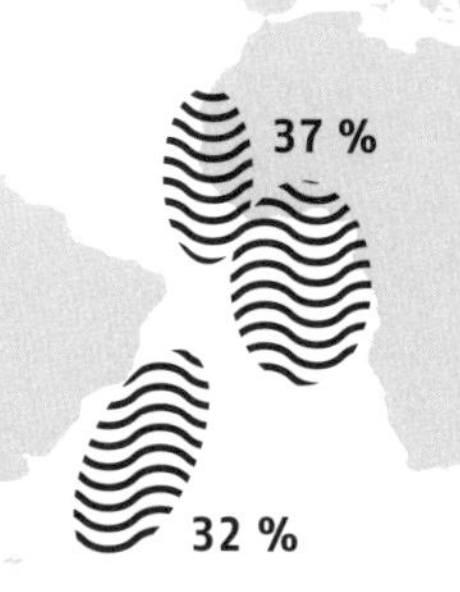

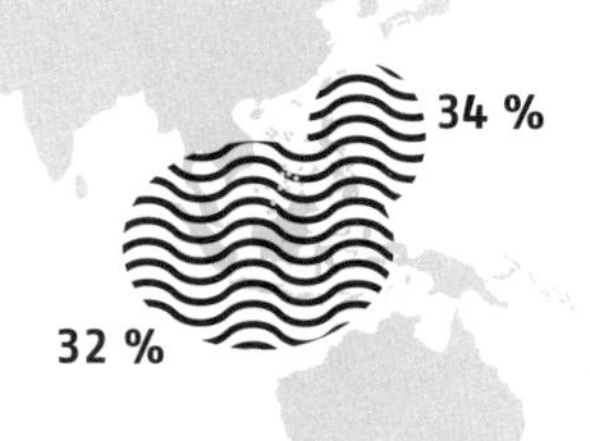

33 %

非法捕捞热点地区：科学家估计，从 2000 年到 2003 年这些地区的总捕捞量中有 32% ~ 37% 是非法捕捞所获。

»

美国和挪威的经验表明，

科学的渔业管理可以恢复已经萎缩的种群。

此外，可以通过调整捕捞配额，

保证所利用的种群生物量保持在安全线之上，

并且渔业在没有补贴的条件下也可以盈利。

这就是大多数国家一直以来的过度捕捞令人愤怒的原因。

«

——丹尼尔·保利　教授

不列颠哥伦比亚大学，加拿大温哥华

原因 直接后果 间接后果 解决方案

海洋保护区 P31

可再生能源 P69

海洋产业的困境与前景

海洋能源

全球海上风能发电厂产能持续增长

（兆瓦 / 年）

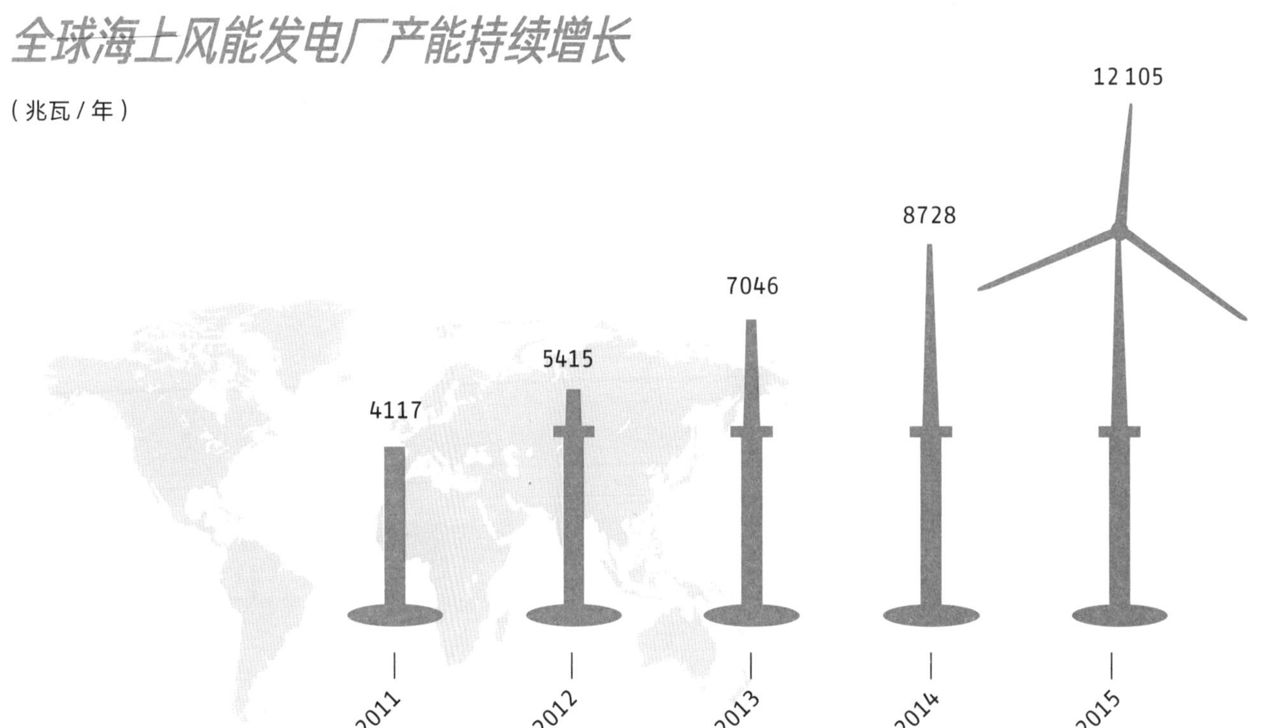

"原油和天然气来自海底沉积物之下"

——哈特穆特·格拉尔　教授 / 博士
马克思 - 普朗克气象研究所，德国汉堡

大西洋海上平台
石油和天然气

产量预测

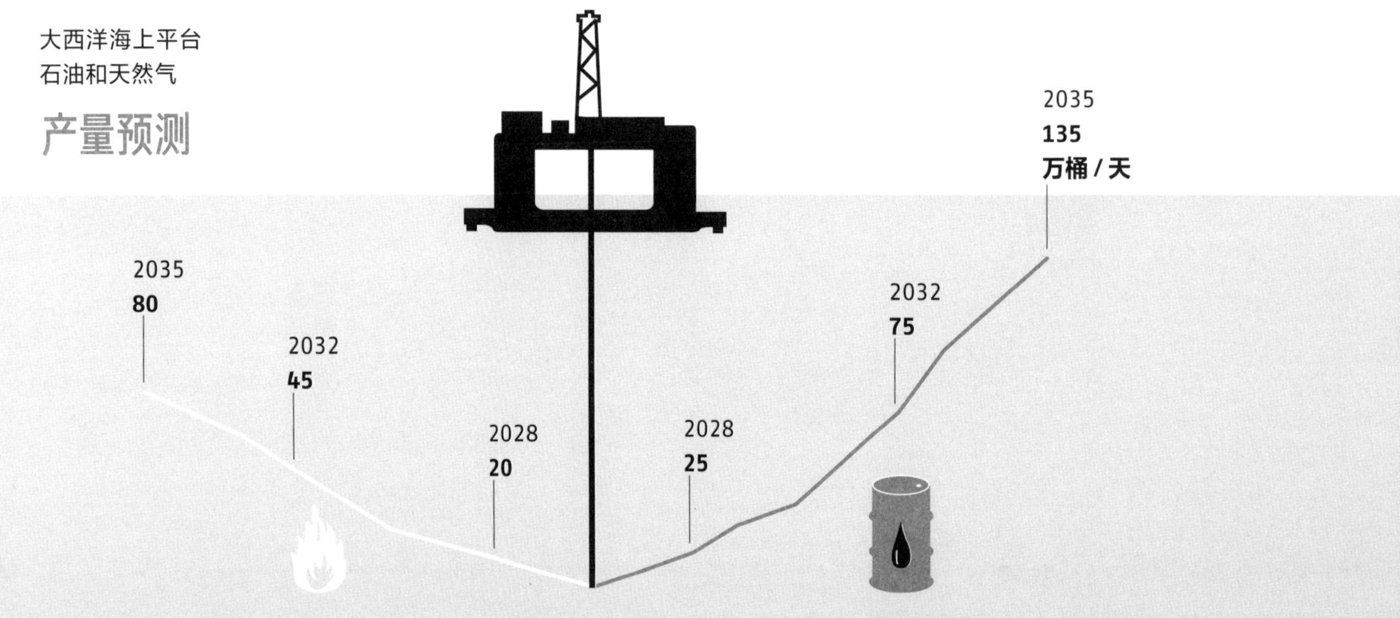

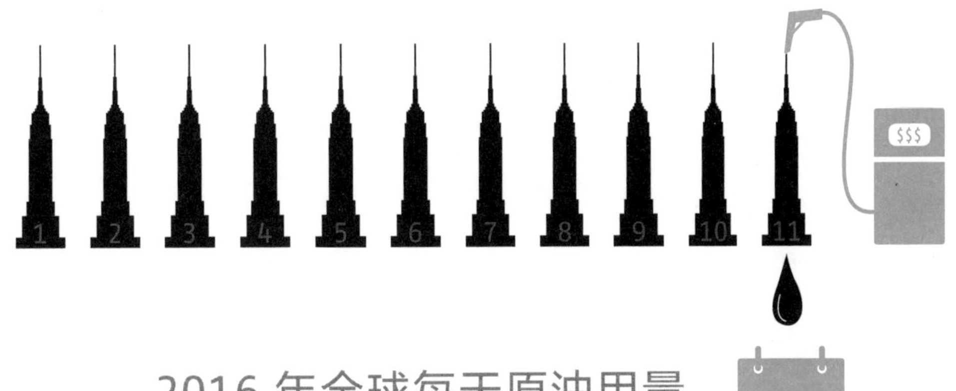

2016 年全球每天原油用量

约 9700万桶。

这一数量，足够每天灌满帝国大厦 11 次。

主要能源

2014 年，全球数据

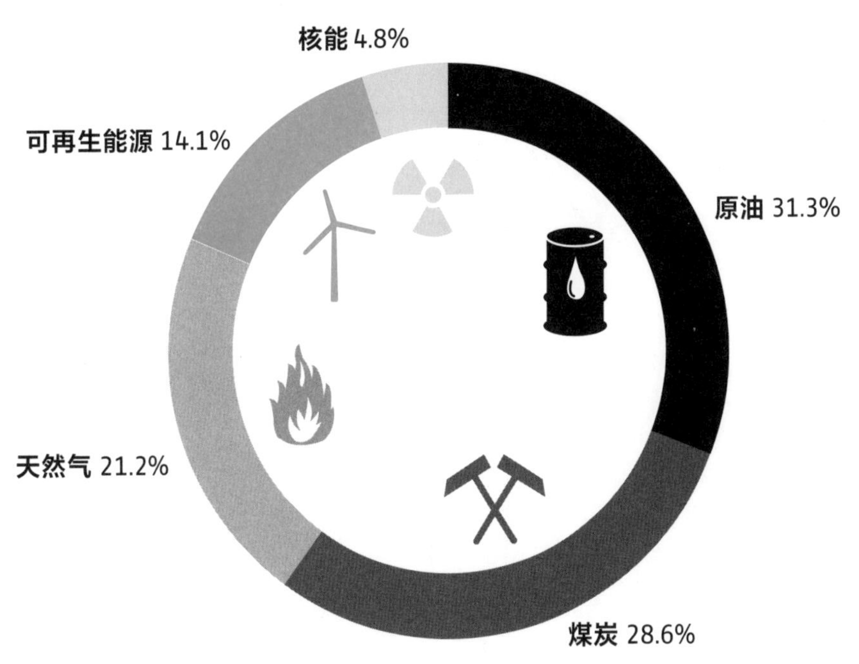

全世界最重要的能源是石油，未来更多的石油将来自海上钻井平台。

数据来源：美国中央情报局（CIA）（2015），美国能源信息署（EIA）（2017），全球风能理事会（GWEC）（2016），经济合作与发展组织（OECD）/国际能源机构（IEA）（2015），海上勘探（Quest Offshore）（2013）

海上风能开发的增长

海上风电场数量呈全球性增长。2015 年其全球装机容量[1]约为 12 100 兆瓦。北欧拥有全球超过 90% 的风电场，无疑是风能创新技术的领航者。

尽管风电场的施工和噪声量可能在一段时间内增加所在区域的生态压力，但是推动风电场发展是利大于弊的：风电场的高效发电率间接导致了对传统化石燃料发电站的需求减少，降低了全球 CO_2 排放量，缓解气候变化主因子作用，并最终从总体上改善空气质量和人类健康状况。

风电场周边的禁渔措施以及在此基础上形成的人工鱼礁增加了生物多样性。

理论上，全球建成的海上风电场目前 12 100 兆瓦的装机量足以取代 **10** 座核电站。

建设海上风电场时水下噪声会暂时增加，将基座打入海底的过程中，海床会被压缩，沉积物也在浊流中翻滚。

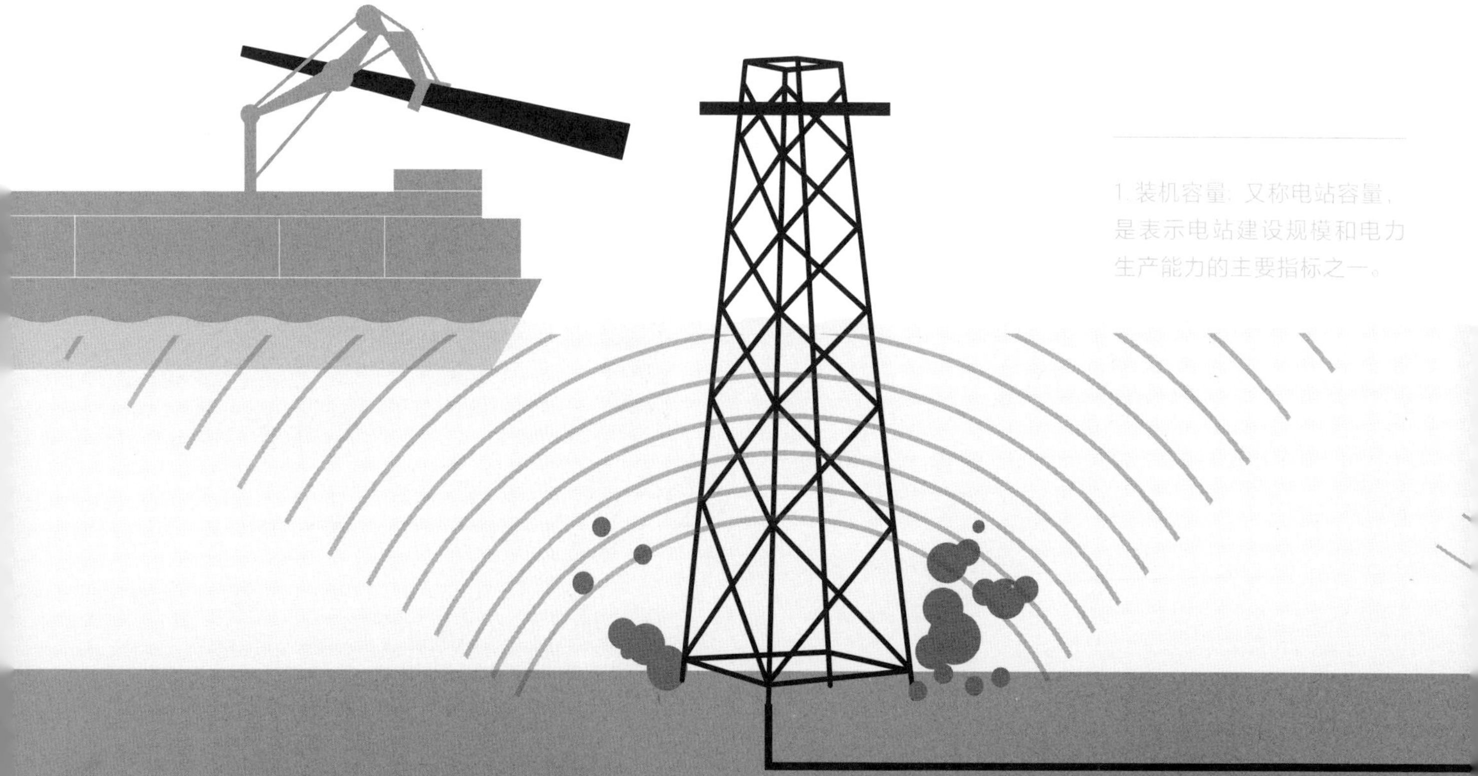

1. 装机容量：又称电站容量，是表示电站建设规模和电力生产能力的主要指标之一。

数据来源：欧洲风能协会（EWEA）（2016），Gill（2005），James（2013），Langhamer（2012），Wahlberg（2005），Zeiler（2005）

叶片产生的噪声持续以振动的形式向下传达到基座。现在已经有新型发电机的叶片转动时几乎无噪声。

在不同的风速下，水下可以听到不同程度的隆隆声。这对海洋生物有何影响目前还是研究空白。

由于海上风力发电场附近禁止捕捞，因此这里成为严重过度捕捞的种群休养生息、恢复数量的理想环境。

此外，随着时间推移，围绕着发电机基座开始形成“人工”珊瑚礁。这提高了生物多样性，但也为入侵物种打开了大门。

将风力发电机产生的电力输送到陆地的电缆埋在海底 3 m 深的地方。电缆输电时会发热，因此也加热了周围的海床，有可能危害海底生态系统和栖身其中的物种。

未来的海浪与潮汐能?

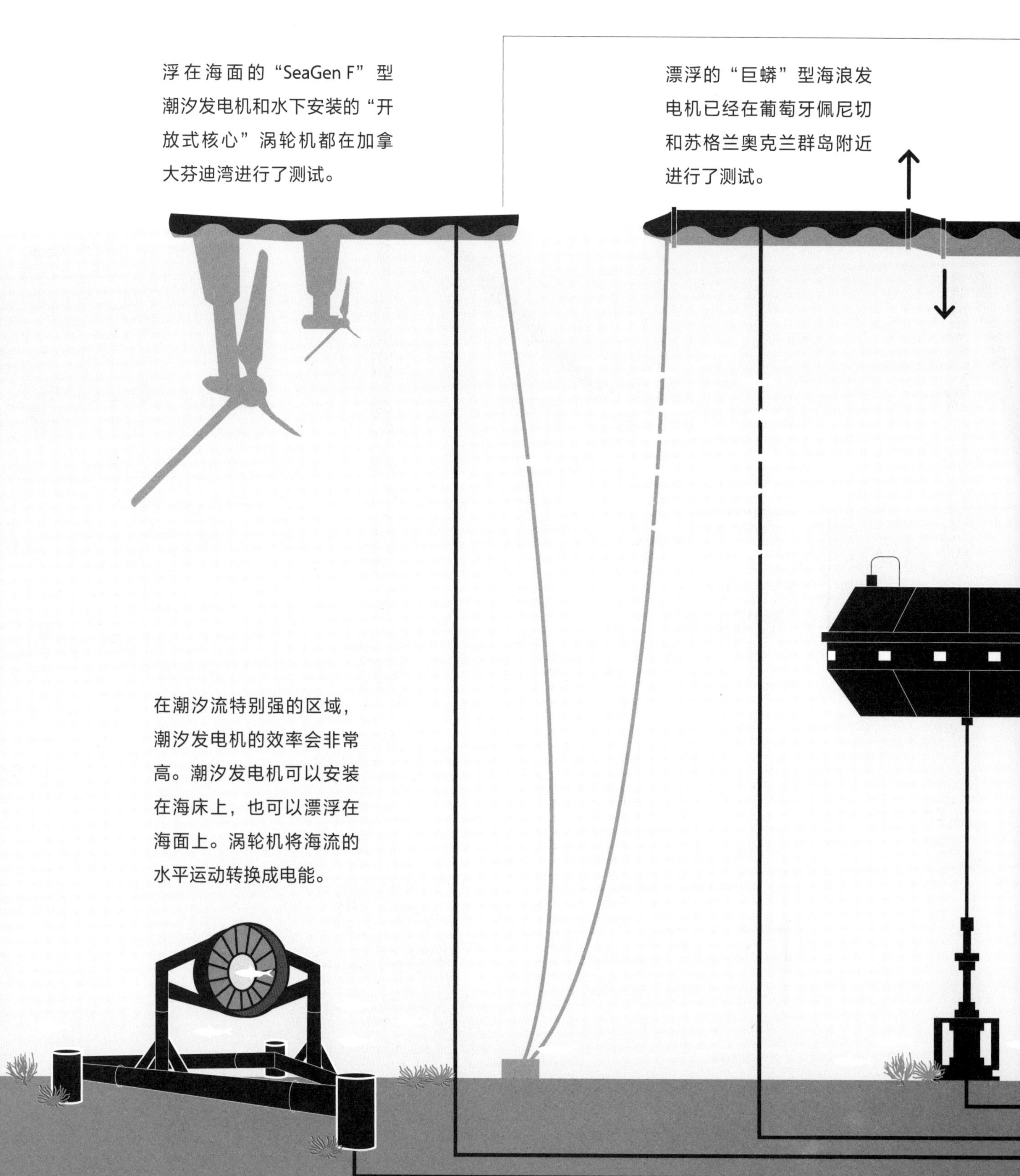
浮在海面的“SeaGen F”型潮汐发电机和水下安装的“开放式核心”涡轮机都在加拿大芬迪湾进行了测试。
漂浮的“巨蟒”型海浪发电机已经在葡萄牙佩尼切和苏格兰奥克兰群岛附近进行了测试。
在潮汐流特别强的区域，潮汐发电机的效率会非常高。潮汐发电机可以安装在海床上，也可以漂浮在海面上。涡轮机将海流的水平运动转换成电能。

全球试点项目

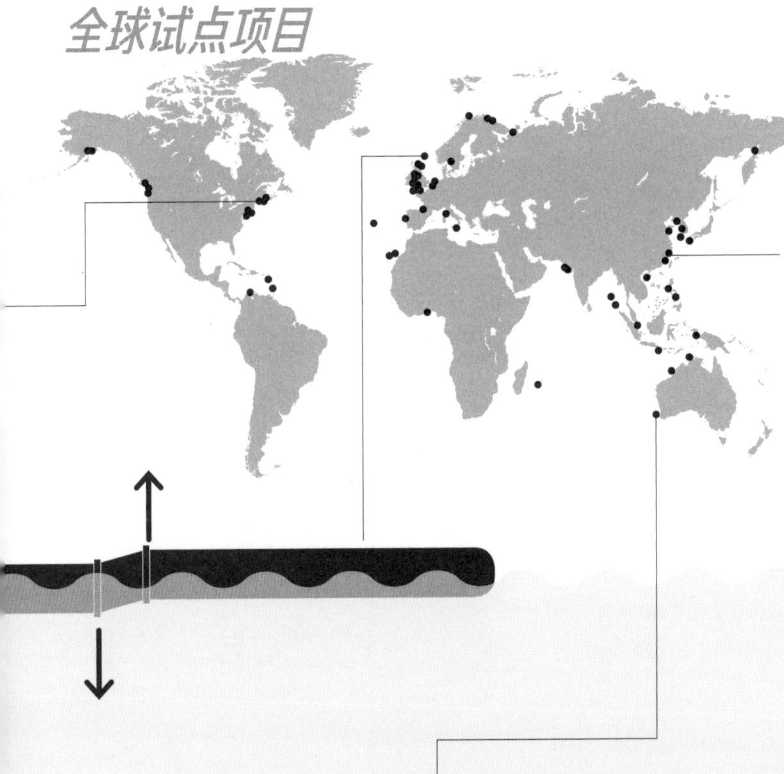

中国有 1 个潮差[1]发电站以及 7 个潮汐和波浪能发电站，总发电能力超过 4100 兆瓦。

在陆地上，水力通过水泵、涡轮机和发电机，先是转变为机械能，然后是液压[2]，最后转变为电能。

海洋上的强风吹起的海浪一路冲向海岸，在那里，它们可以被捕获然后产生波能。波浪能发电设备可以在水下或漂浮在水面上。到目前为止，全世界有 25 种不同类型的波浪能发电机在接受测试。风越强，海浪的能量也就越大。因此，建造波浪能电站的理想位置是欧洲、南美洲和澳大利亚。

波浪能发电机 CETO 在澳大利亚珀斯和法属留尼汪岛进行了测试。

1. 潮差：在一个潮汐周期内，邻近的高潮水位与低潮水位之间的落差，其间的水位变化可用于带动涡轮机发电。
2. 液压：一种动力传动方式，以液体作为工作介质，利用液体的压力能来传递动力，发电过程中获得的机械能通过液压传动带动发电机发电。

只有少数海湾与河道中的潮流能够达到商用发电的强度。

——哈特穆特·格拉尔 教授 / 博士
马克思 – 普朗克气象研究所，德国汉堡

数据来源：世界能源理事会（WEC）（2013），国际海洋能源系统（OES）（2014）

深海材料储备

锰结核

生成于水深 4000 ~ 6500 m 的海床上，需要数百万年才能生长几毫米。这些 5 ~ 10 cm 大小的结核含有多种有价值的工业金属，如锰、铁、镍、铜、锂和钴。例如，锂可用于制造手机电池和笔记本电池。

火山成因块状硫化物（VMS）

形成于 500 ~ 5000 m 深处的构造板块分离处。其中包含铜、锌和金等元素。到目前为止，只有少数几个地方的块状硫化物矿床具有商业开采可行性，如西南太平洋的马努斯盆地。

蕴藏在地表以下
400 m 处的深海材料 石油 天然气 块状硫化物 锰结核 富钴结壳

富钴结壳

富钴结壳的生长速度甚至比锰结核更慢，它形成于没有沉积物的岩石表面，如水下岩石陡坡或海山上。富钴结壳主要含有铁和锰，并含有少量有商业价值高的元素，如镍、钴、铜、钛和稀土。稀土可用于生产手机、平板电视、混合动力汽车和风力涡轮机。

石油和天然气

从海洋开采的石油和天然气约占全球总开采量的1/3。目前，海底石油和天然气剩余储量估计为1710亿吨，其中约30%需要通过深海钻探获取。

数据来源：德国海洋地球科学研究中心（GEOMAR）（2016），Maribus（2014），Rona（2003），德国联邦环境署（UBA）（2013），联合国环境规划署（UNEP）（2013）

深海采矿

当前情况 未来愿景

钻探情况

2016 年深海钻探情况

深海钻探

在深海钻探中，由多个交联模块组成的远程控制设备安装在很深的地方。一个平台最多可操作 30 个石油钻头。在这样的深度很难控制泄漏，因此，污染程度可能会很高。

0 m

2000 m

4000 m

6000 m

富钴结壳开采

未来愿景

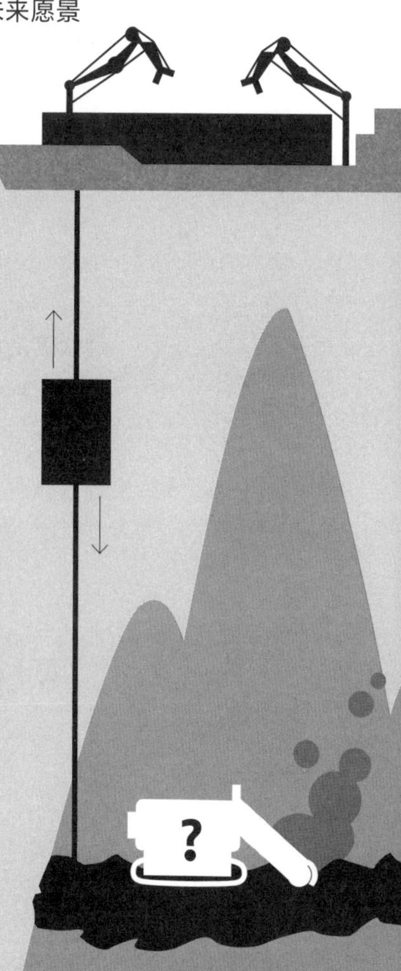

目前尚无原型机

可用于开采富钴结壳。富钴结壳位于海山或峭壁上，所以必须使用牵引机。一方面它们必须有足够的强度，以开采坚硬的金属结壳，另一方面它们也必须拥有自己的整合运输装置，以将开采的矿物向上运输。

火山成因块状硫化物矿床开采

从 2018 年开始

锰结核开采

原型机测试

0 m

块状硫化物矿床开采

人们计划在不久的将来，在巴布亚新几内亚沿海开始块状硫化物矿床开采。设备已经准备就绪。这里的采矿点在海面以下仅 2000 m 处，且含金量异常高。目前，200 万吨硫化物的市场价值为 20 亿美元。

收获机

目前还没有可用于锰结核开采的“收获机”。日本和韩国的原型机是目前最先进的，但尚未在水下 6000 m 的深度进行测试。目前最大的挑战是开发可以长时间（大约一年 250 天）持续工作的完善技术设备。

2000 m

4000 m

6000 m

数据来源：德国联邦地球科学和自然资源研究所（BGR）（2015），Devold（2013），Maribus（2014）

海洋运输路线

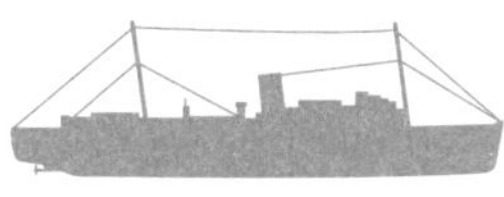

91 000 000 总吨（GT）1955 年全球商业船队吨位

1 800 000 000 载重吨（DWT）2015 年全球商业船队吨位

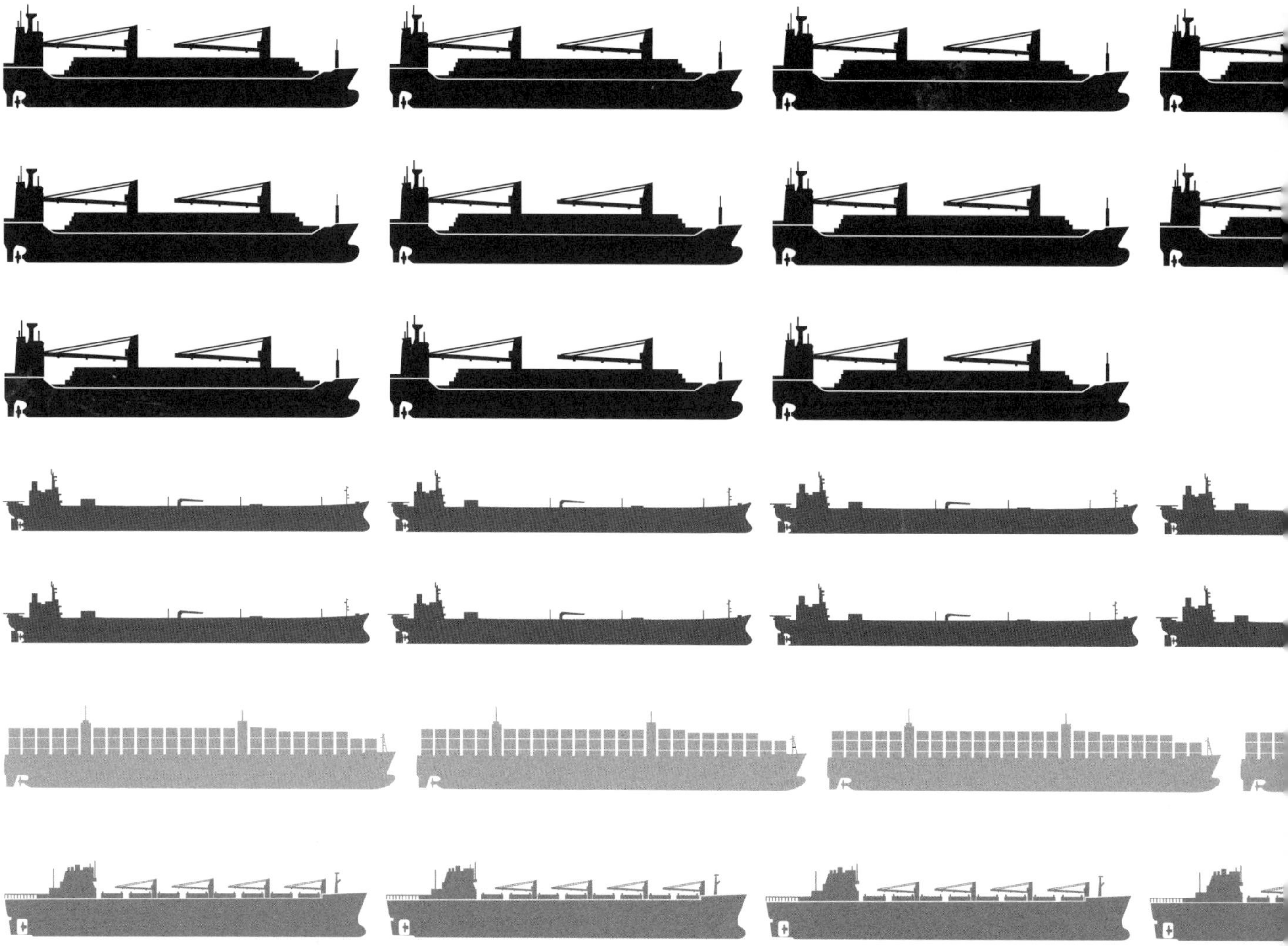

5 950 000 载重吨（DWT）轮渡和客船

GT：总吨，即船舶总容积的吨位
DWT：载重吨，即船舶可装载货物的吨位

全球贸易的 80% 来自约 48 500 艘货船。它们是全球化的真正引擎。不断增加的船舶吨位降低了集装箱的单位运输成本，同时也导致了排放量整体上升。大多数货船和游轮都使用重油[1]，并且未安装颗粒物过滤器，排放的硫、重金属和颗粒物会导致人类的健康状况恶化，特别是在沿海地区。

1. 重油：又称燃料油，呈暗黑色，是原油提取汽油、柴油后的剩余重质油，黏稠并含有大量氮、硫和金属等杂质。

1955

2015

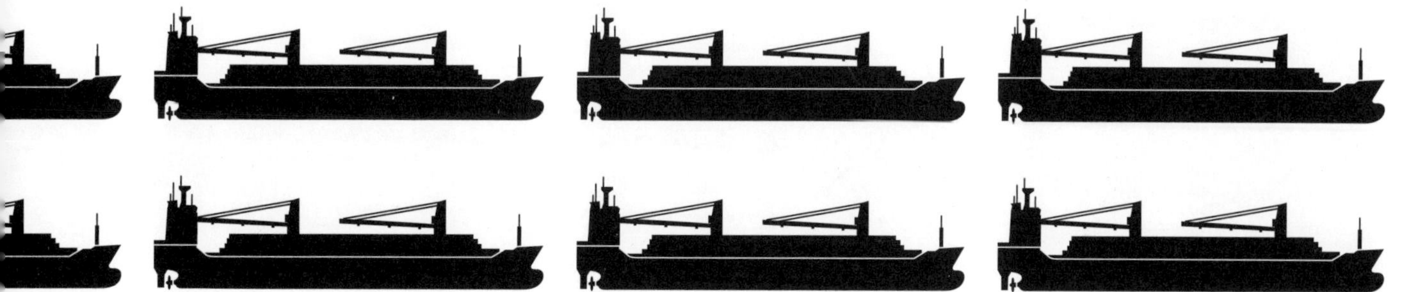

779 000 000 载重吨 货船

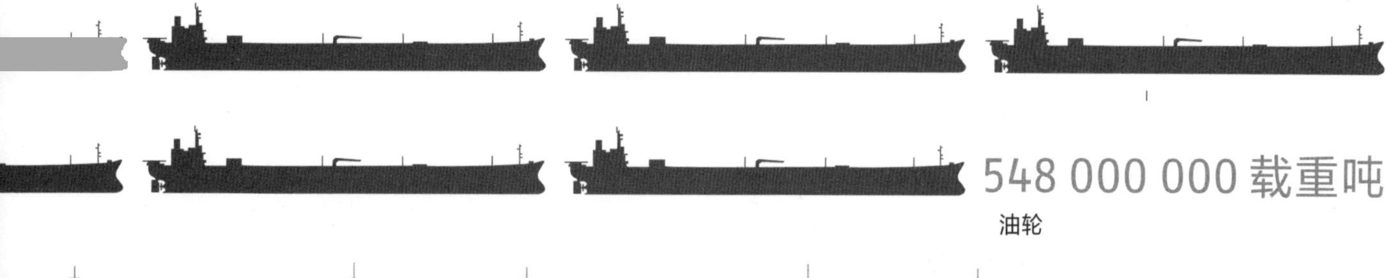

548 000 000 载重吨 油轮

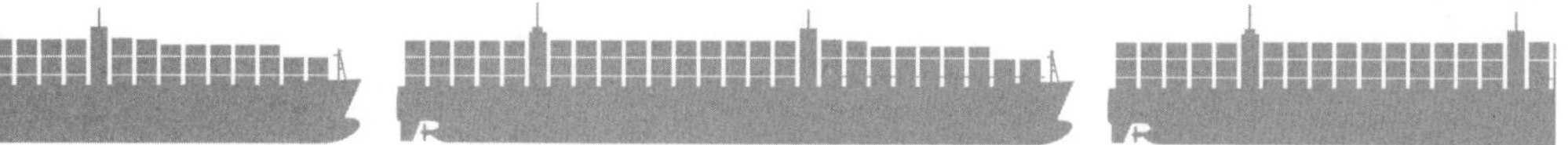

244 000 000 载重吨 集装箱船

230 000 000 载重吨 散货船及其他船只

数据来源：欧共体（欧盟前身）委员会统计局（KEG）（1970），德国自然保护联盟（NABU）（2014），联合国贸易和发展会议（UNCTAD）（2016）

船舶的有害排放物

2016 年 2 月 23 日
货船数量快照

2000 艘以上
1000 ~ 2000 艘
500 ~ 1000 艘
1 ~ 500 艘

数据来源：全球船舶追踪情报网（Marine Traffic）（2016），Corbett 等（2007）

全球航运密度显示，大多数航运路线
沿着海岸附近 400 km 以内的区域行进。
80%的船舶排放物被排放到这些区域。

全球每年约 6 万人
因这些有害排放物而死亡。

残酷的噪声

自 1950 年以来，因航运业务量和地震勘测的增加，海洋中的噪声水平每十年就要翻一番。

近几年来，加拿大东部圣劳伦斯河的航运活动有所增加，与此同时，白鲸的数量却同步下降。为了解决这个问题，圣劳伦斯河的部分区域已被划为海洋保护区。

2010

2000

温哥华岛周围的交通令虎鲸倍感压力。每当附近有多艘船靠近时，它们就会提高游泳速度，从而导致它们浪费了本该用于捕食的宝贵能量。

1990

30
15
45
0
60
km/h

1980

1970

1960

1950

数据来源：Jasny 等（2005），Nowacek 等（2001），Schorr 等（2014），Veirs 等（2016）

鲸类会因导航和听觉器官受到干扰而搁浅。用气枪和潜艇进行地震勘探会使鲸鱼耳聋。它们因此无法找到伴侣或食物，只能漫无目的地游动。

当海豚因航运噪声而感到压力太大时，它们会改变潜水时长，变更栖息地。此外，它们的回声定位能力会因声呐干扰而被削弱。

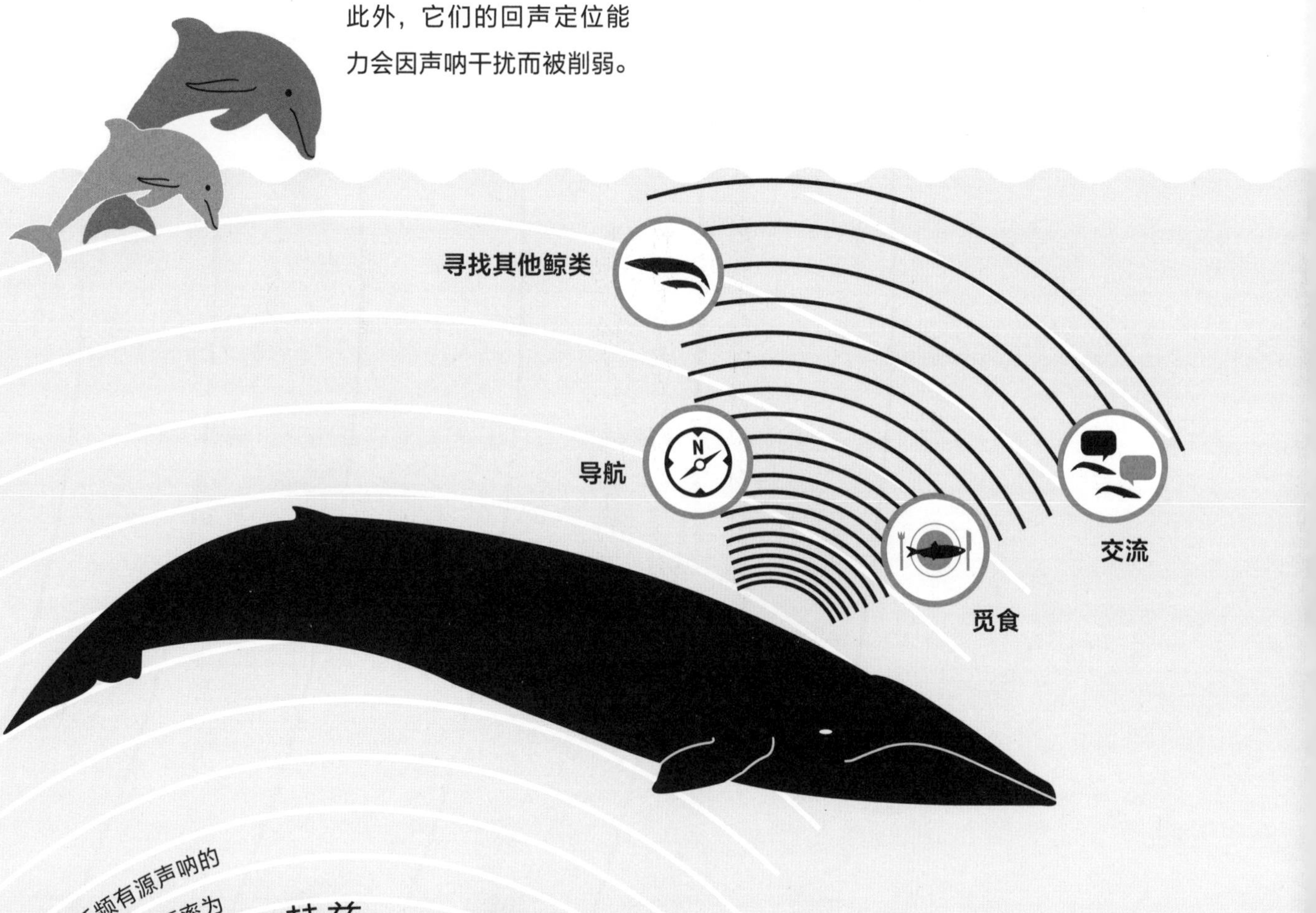

寻找其他鲸类

导航

交流

觅食

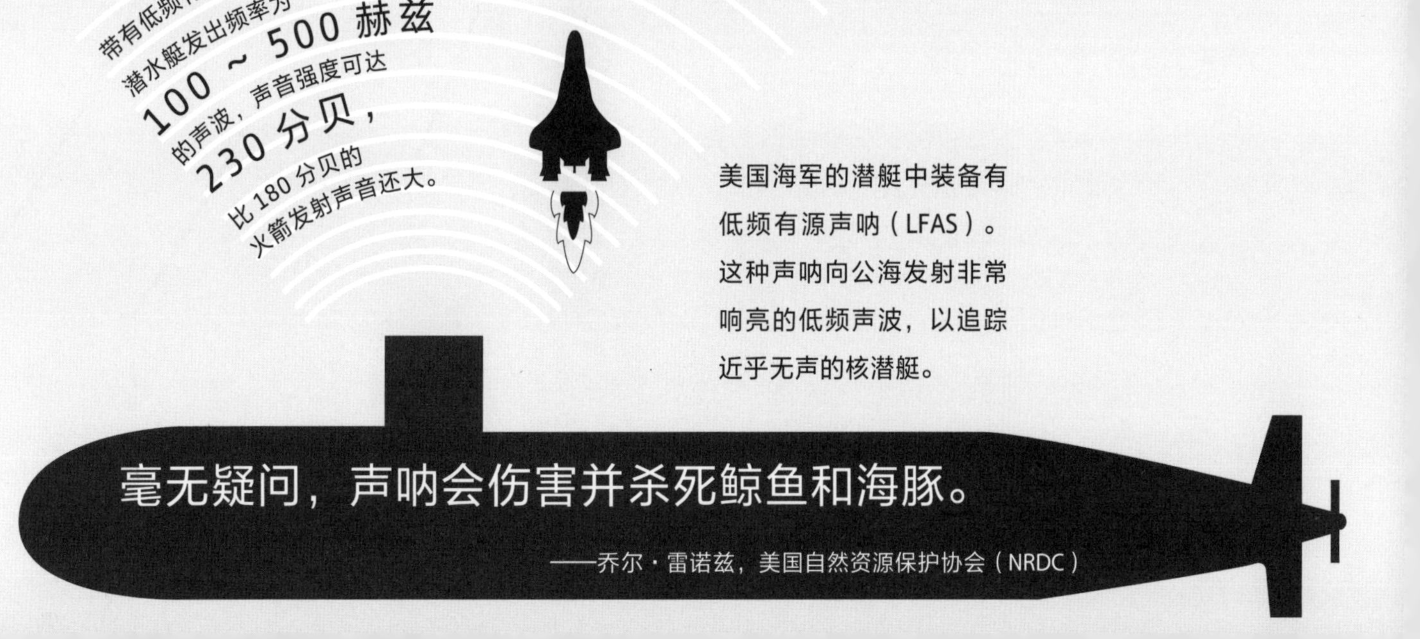

带有低频有源声呐的潜水艇发出频率为100 ~ 500 赫兹的声波，声音强度可达230 分贝，比180 分贝的火箭发射声音还大。

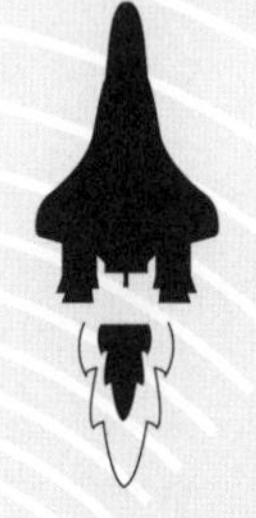

美国海军的潜艇中装备有低频有源声呐（LFAS）。这种声呐向公海发射非常响亮的低频声波，以追踪近乎无声的核潜艇。

毫无疑问，声呐会伤害并杀死鲸鱼和海豚。

——乔尔·雷诺兹，美国自然资源保护协会（NRDC）

线缆纵横的海洋

自从 1858 年铺设第一条跨大西洋电报电缆以来，通信电缆和电力电缆就在海洋中纵横交错。电缆最长可达 21 000 km。电缆会发出自己的电磁场，其强度各不相同，并且可以一直向上扩展到水面。许多海洋生物利用地球磁场来导航，一些鱼类被电缆磁场吸引来到这些电磁高速公路附近，而另一些鱼类则选择改变了迁移路线，来避开电缆磁场。此外，据观察，在电缆磁场区域内，某些物种的心率会下降。

目前，全球 99%的电话和互联网流量通过大约 420 条海底电缆网络进行传输，其总长度达 110 万 km。

数据来源：Andrulewicz（2003），电信地理（TG）（2016），Starosielski（2015）

»

全球范围内利用海洋可再生资源，

例如从风、浪和潮汐中收集能量的可能性正在增大。

尽管目前并没有必要，

但在深海石油和天然气钻探以及海洋采矿的勘探正在大力进行。

如果世界人口持续增长，

对自然资源的需求也会相应增加，

这将不可避免地导致深海开发利用的强度继续加大。

在保护和利用之间找到相应的平衡

是我们未来几年面临的最大挑战之一。

«

——斯文·彼得森　博士

亥姆霍兹海洋研究中心，德国基尔

生活方式
工业化
无知
塑料垃圾和废水 P89
有毒物质 P99
原油泄漏 P107
对人类与动物造成威胁的微塑料 P97
生物多样性降低 P25
沿海地区过度施肥 P29
教育 P5
海洋保护区 P31

海洋污染的成因与对策

海洋是如何被污染的？

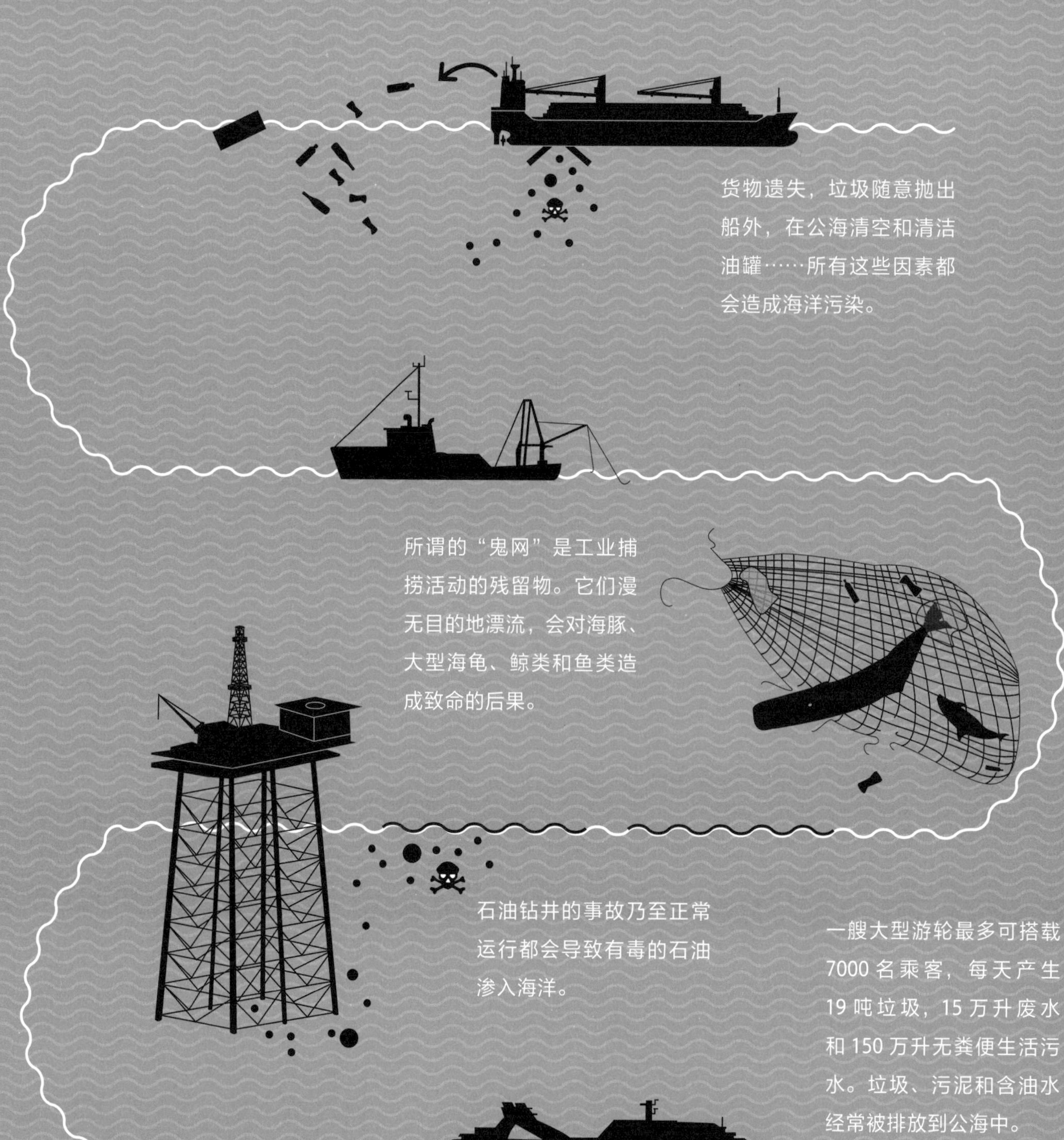

造成海洋污染的塑料仅约 20% 是直接进入海洋的……

数据来源：印度科学与环境中心（CSE）（2013），美国环境保护局（EPA）（2012），Klein（2009），Maribus（2010），德国联邦环境署（UBA）（2015），联合国环境规划署（UNEP）（2005）

发达国家 VS 发展中国家

在欧洲，柏油路上的轮胎磨损每年估计产生 70 万吨微塑料。

一些大城市将未经处理的污水直接排入海洋，如雅典、巴塞罗那、布赖顿和科克。

在印度，80 % 的废水未经任何处理，直接排入河流。

80 %

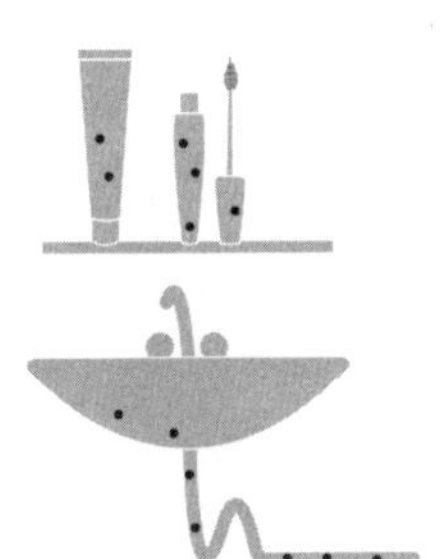

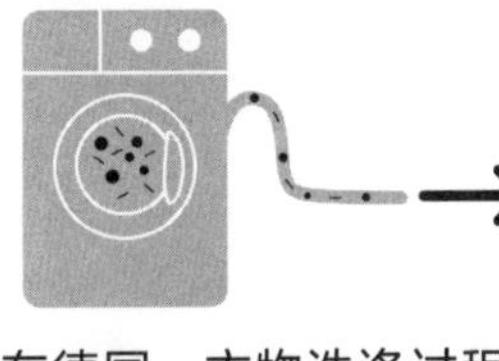

仅在德国，每年就有约 500 吨来自化妆品中的聚乙烯微塑料被冲进下水道，而且这些微塑料颗粒太小，无法在废水处理过程中被过滤掉。

在德国，衣物洗涤过程中，每年会从聚酯纤维和羊毛中释放出约 400 吨合成纤维微塑料。

垃圾被非法堆放、倾倒，暴雨和洪水将露天垃圾冲入河流系统。

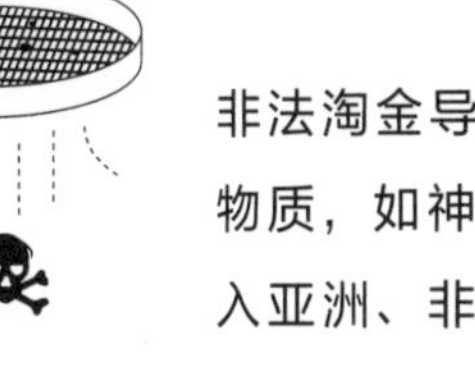

非法淘金导致有毒化学物质，如神经毒素汞进入亚洲、非洲和拉丁美洲的河流。

例如，德国每年使用 10 万吨的人造蜡微粒来制造防雨户外服装。由于磨损和雨水冲刷，这些蜡微粒也流入环境。

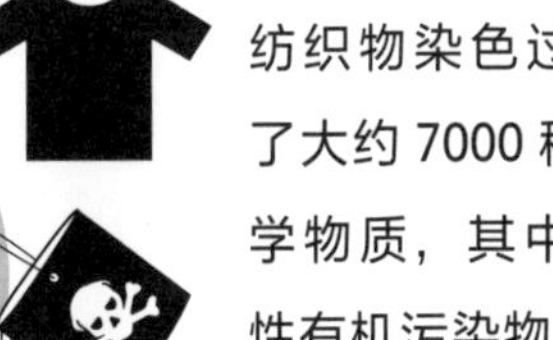

纺织物染色过程中使用了大约 7000 种不同的化学物质，其中包括持久性有机污染物（POPs）。

据估计，在欧洲每年有 57 万吨微塑料颗粒通过河流进入海洋，例如，意外泄漏或处理后的工业废水被倒入河流，其中的微塑颗粒通过河流最终进入海洋。

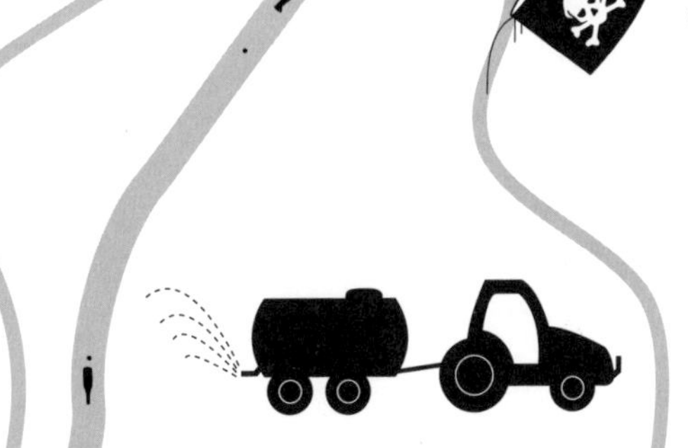

农业肥料使沿海地区富营养化并造成最低限度氧气区，尤其是在三角洲附近。

……而剩余的 80% 是通过河流间接排入的

海洋中的塑料污染

3.22亿吨，

这是2015年的全球塑料总产量。随着塑料产品的使用丢弃，垃圾山每天都在增长。自1950年以来生产的所有塑料中，有很大一部分进入了垃圾场、景区、河流和海洋。

3%～10%

全球回收的塑料中仅3%～10%得到循环利用。

33%

的塑料在使用一次后被丢弃。

不同垃圾的预计降解时间

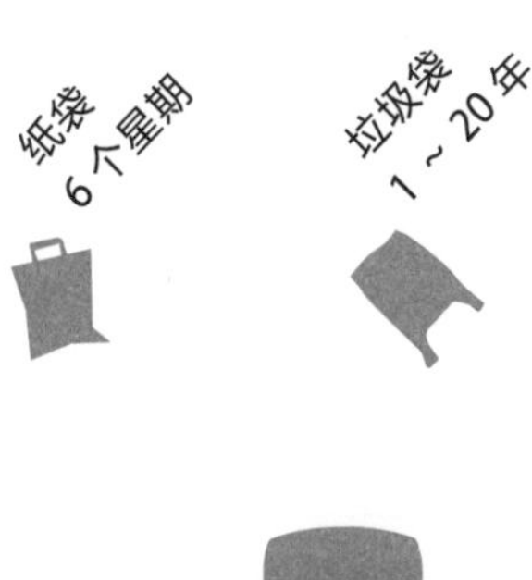

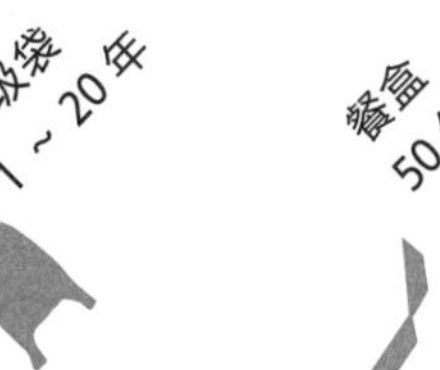

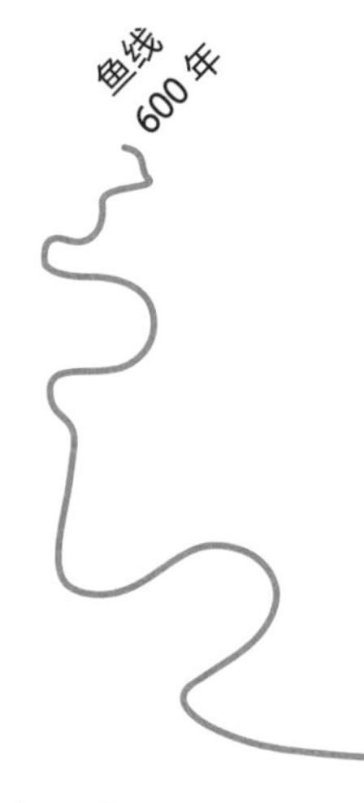

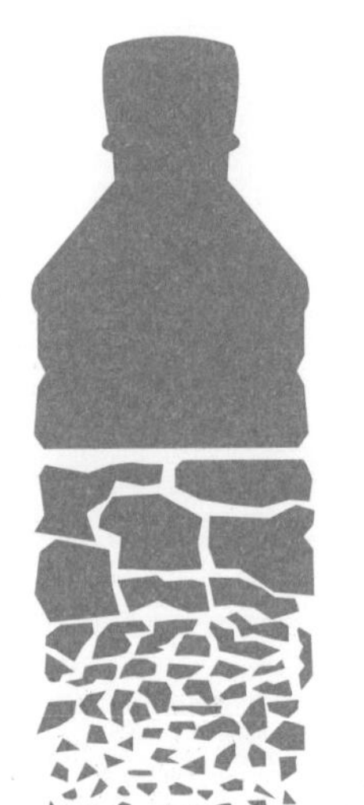

在海洋中，聚酯（PET）塑料瓶需要

约 **450 年**

的时间才能慢慢分解成到肉眼不可见的小碎片。塑料是无法生物降解的材料，因此不可能完全降解。

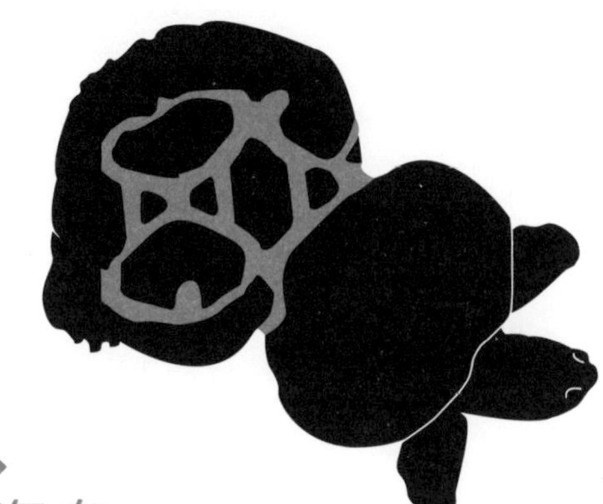

每年有超过

100 000 只

海洋哺乳动物、海龟、海鸟和鱼类因食用或缠绕塑料而死亡。

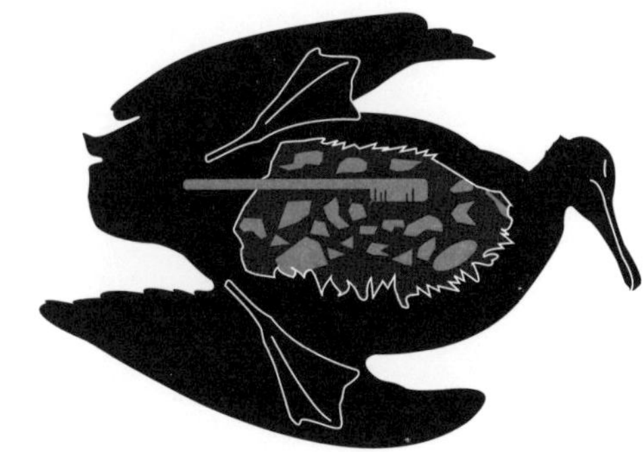

数据来源：Schlining 等（2013），欧洲塑料制造商协会（PE）（2016），Subba Reddy（2014），联合国环境规划署（UNEP）（2015），世界经济论坛（WEF）（2016）

五大“垃圾岛”

塑料垃圾块漂浮在海洋中，汇聚成五个巨大的“岛”，慢慢分解成越来越小的颗粒。人类是塑料垃圾来源的罪魁祸首，而洋流和风促使它们形成“垃圾岛”。

现在，在复杂的洋流系统的驱动下，塑料垃圾扩散到每个角落，我们在海洋的各个区域都可以找到塑料垃圾。海洋中的塑料垃圾估计有 1.5 亿吨，约占所有海洋鱼类总重量的 1/5。科学家预计，到 2025 年这个数值会变成 1/3，也就是说每 3 吨鱼就伴随着 1 吨塑料。如果我们不大幅减少塑料使用，到 2050 年，海洋中塑料垃圾的重量将超过鱼类的重量。

北太平洋垃圾岛

南太平洋垃圾岛

印度洋垃圾岛

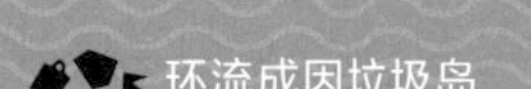

平均每分钟就有一车塑料垃圾进入世界各地的海洋中，也就是说，每年有 800 万吨塑料进入海洋！照这种趋势，到 2050 年塑料垃圾的污染量将翻两番。

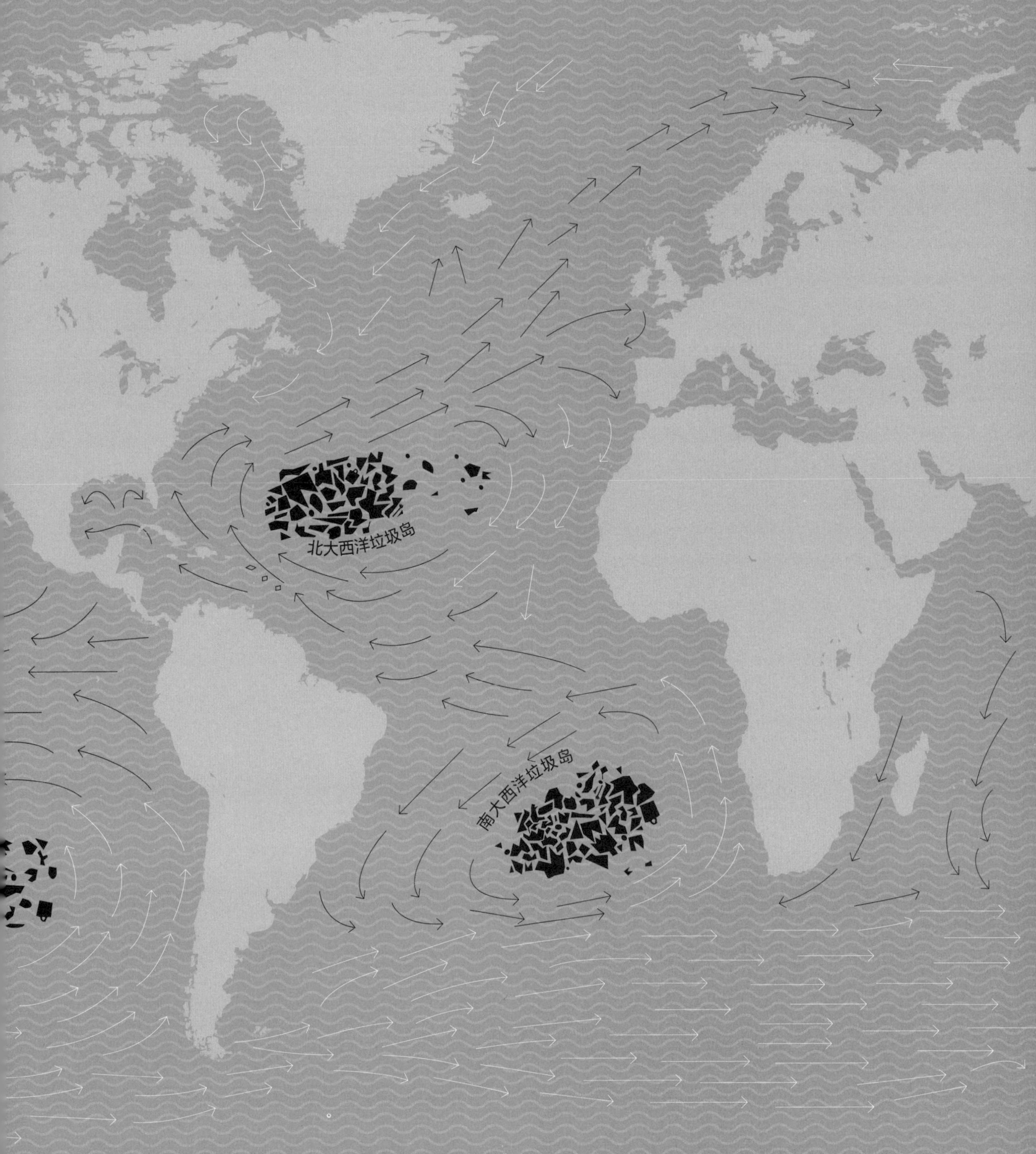

数据来源：Eriksen 等（2014），国际太平洋研究中心（IPRC）（2008），世界经济论坛（WEF）（2016）

垃圾岛截面

在水面上漂浮的可见垃圾仅仅是垃圾岛的“冰山一角”。旋转的塑料垃圾岛厚度可达到海面下 30 m 深，形成了由大小不一的塑料颗粒组成的“溶液”。阳光、盐度和不停流动的海水使塑料以不同的速度分解：从 1 年到 600 年，直到塑料袋或钓线破碎成一粒粒沙粒大小的碎屑。塑料碎屑的很大一部分最终沉入海底，沉积在沉积物上并最终被掩埋。目前发现的塑料碎屑密度最高的地区是印度尼西亚的海底，达每平方千米约 69 万颗。

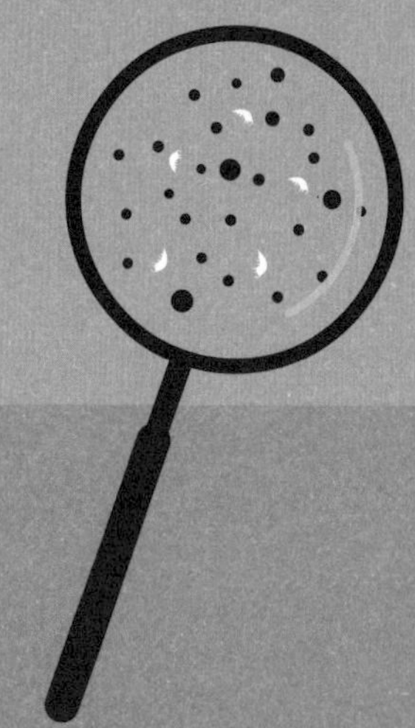

在北大西洋垃圾岛，每千克浮游动物与 6 kg 塑料为邻。

数据来源：Eriksen（2014），绿色和平组织（GP）（2007），国际净滩运动（ICC）（2010），Moore（2001），Maribus（2010），联合国环境规划署（UNEP）（2005）

0~30 m
30~400 m
400~5000 m
70% 的垃圾
沉入海底

食物链中的微塑料

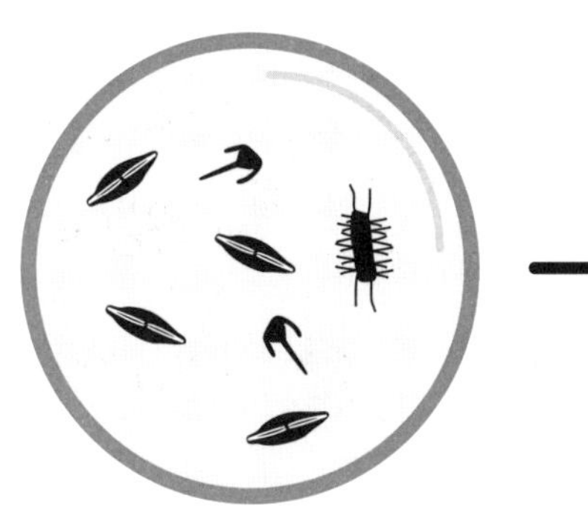

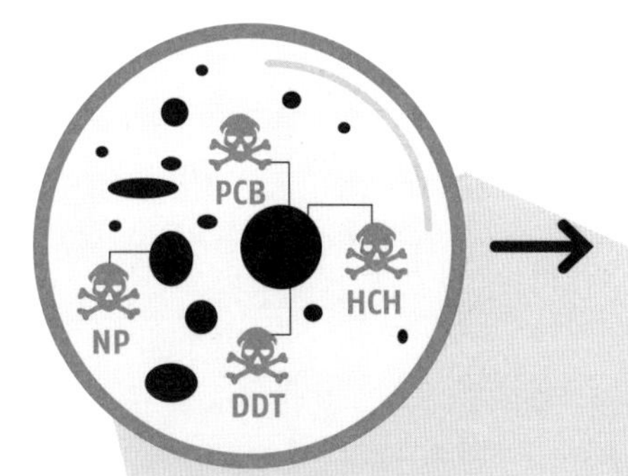

浮游植物
单细胞植物体，主要是硅藻，生活在海水的上层，并在阳光下进行光合作用。

浮游动物
以浮游植物为食的磷虾等微型动物，被大小接近的微塑料颗粒包围着。

微塑料
多年来在海洋中散落的5 mm以下的塑料颗粒，会吸附持久性有机污染物（POPs）。

浮游植物和浮游动物
在海洋生态系统中起着至关重要的作用，因为它们是几乎所有海洋生物的食物链基础。自1950年以来，随着工业捕捞的兴起，全球浮游动物数量下降了约40%。原因之一是，在大型工业化农场中，越来越多的人大量使用浮游动物泥作为鱼粉的替代物，来喂养猪、鸡和水产品。这对敏感的海洋生态系统造成了很大的影响。海洋释放的大量氧气都来自浮游植物的光合作用，在这一过程中，浮游植物吸收二氧化碳，并释放出氧气。

蓝鲸
是地球上最大的哺乳动物，体长27 ~ 33 m。它们用鲸须板滤食水中的磷虾。但是现在，它们在进食过程中也无意间摄入了有毒的微塑料。

微塑料中的有毒物质
微塑料被冲到世界各处，它们含有高浓度的有害化学物质，如多氯联苯（PCB）。该图显示了世界上最高的PCB浓度，单位为纳克/克。

数据来源：国际颗粒物监测（IPW）（2015），Rios（2007），Van Cauwenberghe等（2014）

塑料微粒会吸收污染物，并在被海洋生物摄入后将污染物释放到生物体内，在此过程中，仅单个塑料微粒就足以产生剧毒。

——马库斯·埃里克森
五大环流研究所

鲱鱼

捕食小型鱼类和浮游动物，在此过程中摄入微塑料。诸如 POPs 的毒素在消化过程中被分解，将这些有毒物质释放到体内并损害各器官。

金枪鱼

以鲱鱼等小型鱼类为食。虽然其猎物体内的污染物含量甚微，但金枪鱼会在捕食中持续摄入这些污染物，日积月累之下，随着寿命的增长它们体内会积累相当数量的持久性有机污染物（POPs）。

人类

食用鱼和其他海鲜。欧洲人平均每年通过鱼类消费摄取 11 000 个塑料微粒。目前还没有充分研究人体内塑料残留的比例。

挪威 446
瑞典 405
荷兰 324
比利时 131
英格兰 94
德国 73
西班牙 168
法国 2746
意大利 212
葡萄牙 307
希腊 258
美国 605
中国 757
日本 1610
巴西 3892
加纳 69
肯尼亚 42
印度 139
印度尼西亚 765
南非 97
澳大利亚 297
智利 51
阿根廷 88
新西兰 65

海洋中的有毒物质来自哪里?

通常，海洋不断受到来自大气、河流和环境污染物的污染。持久性有机污染物（POPs）有各种物理形态，构成了严重的全球威胁，因为它们在自然界中的降解速度非常慢，因此很容易在人类和动植物体内富集。

持久性有机污染物包括多氯联苯（增塑剂、PCB），多氯代二苯并二噁英(PCDD)和多氯代二苯并呋喃(PCDF)等二噁英类，以及壬基酚（NP）。PCB于20世纪30年代首次商业化生产，用作冰箱的冷却液、机器中的液压油以及许多其他工业用途的传热液。后来，它被混入合成材料中作为增塑剂，并在清漆、油漆和胶水中用作阻燃剂。直到20世纪80年代，人们才知道这种有毒物质可以通过空气和废水进入环境，并在生物体内累积从而导致癌症、畸形等疾病，甚至死亡。尽管根据1989年《斯德哥尔摩协定》的规定，生产PCD已成为非法，但迄今为止，装有PCB的机器有一半仍在使用。尤其是第三世界和快速发展的国家，应对废旧机器处置不当负有责任。因此，PCB继续通过地下水进入土壤、河流和海洋。

“二噁英”是对结构和化学性质相似的含氯二噁英和呋喃的统称，是含氯物质在300℃以上的高温下燃烧时形成的。不仅在金属制造过程中和焚烧垃圾时会产生二噁英，而且火山喷发和森林火灾发生时也会导致二噁英大量进入大气。

由于技术进步和排放标准日益严格，发达国家的二噁英排放量已大大减少。尽管如此，在鱼类、肉类、奶制品和鸡蛋等食品中仍发现了二噁英污染。有毒的二噁英能够在土壤、河流和海洋的沉积物中存留数十年。

壬基酚（NP）包含在化妆品、沐浴露、洗涤剂、洗衣液、一次性包装和喷漆等日用品中。这些化学物质通过废水和雨水进入土壤、河流和海洋。它们对人类和动物都构成威胁。壬基酚含量高的河流鱼类种群数量减少，而且实验表明，它们会抑制鱼类繁殖并改变其社会行为。

数据来源：Günther等（2002），Rios（2007），德国联邦环境署（UBA）（2015，2003）

持久性有机污染物（POPs）

深海中的化学武器

德国

1946 年，盟军下令将 170 000 吨化学弹药倒入北海，65 000 吨化学弹药倒入波罗的海，其中包括神经毒素和窒息剂。

加拿大

1947 年，军队在温哥华岛以西约 160 km 处、海面以下 2500 m 的深度秘密倾倒了芥子气和光气。

夏威夷

1944—1945 年，美军在珍珠港以南 8 km 处销毁了 16 000 枚芥子气炸弹、4220 吨氰化物和 29 吨芥子气。1945 年和 1948 年，在怀阿奈以西销毁了 2600 吨芥子气、1225 枚氯化氰炸弹、15000 枚芥子气炸弹和 31 枚芥子气榴弹。

美国

从 1964 年到 70 年代初，美国在 74 项行动中处置了数百万吨化学武器，这些行动主要是在沿海地区进行的。在 CHASE（挖洞和沉没）行动中，装有化学弹药的船只被沉入海底。

数据来源：Bearden（2007），Böttcher（2011），意外水污染文献研究与实验中心（CEDRE）（2016），詹姆斯·马丁防扩散研究中心（CNS）（2012），美国国防部（DoD）（2010），《保护东北大西洋海洋环境公约》委员会（OSPAR）（2015）

在 2009 年至 2013 年之间，北海、波罗的海和东北大西洋几乎每天都会发现化学武器。在 2500 个案例中，化学武器要么被海底鱼网捕获要么被冲上海滩。

日本

第二次世界大战后，即 1945 年至 1952 年之间，美国军方在日本海面以下 1000 m 深处销毁化学武器，但没有具体的类型和数量记录。

新喀里多尼亚

1945 年，美国军方销毁了 243 吨装有有毒化学物质的炮弹。

澳大利亚

1948 年，来自澳大利亚武器库的 1600 ~ 2100 吨化学武器被沉入金岛附近。

从 1918 年到 20 世纪 70 年代，美国国防部（DoD）报告了 74 起在海洋中“处理”化学武器的事件。至于这些武器有多少被销毁以及在何处销毁，尚无详细文件。在很多情况下，它们在处理过程中或撞到海底时已经在水下泄漏或爆炸。

德国、日本、澳大利亚和加拿大也都在海洋中处理过化学武器。在德国，没有明确记录这些投海弹药的性质和比例。“海洋中的废弃危险弹药”工作组估计，直到 1946 年，倾倒了约 180 万吨弹药，据说其中有 235 000 吨是化学弹药。直到 1958 年，渔民和废物处理组织才回收了超过 25 万吨弹药。北海的渔民不断在渔网中发现这些弹药。从 1945 年到 1957 年，在处理或回收此类弹药期间至少有 168 人死亡。自 1980 年以来，这一数字已降至每年约 5 人，截至 2008 年，受伤人数已达 262 名。

弹药需要 10 ~ 400 年的时间锈蚀后才会释放化学物质，这取决于化学物质的性质和成分。这些剧毒化学品包括砷、铅、氰化物、芥子气和汞。一些神经毒素溶于水后几乎无害。但是，像芥子气这样不溶于水的有毒物质，对海洋生物和渔民仍然具有严重毒性。

这些化学物质对我们的海洋生态系统有何影响还有待研究。

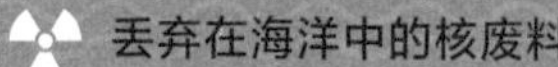

海洋中的放射性污染

数据来源：Calmet（1989）、美国能源部（DOE）（1994）、Rossi 等（2013）、全面禁止核试验条约组织（CTBTO）（2017）

福岛核泄漏所造成的放射性浓度

（单位：贝克勒尔[1]/立方米）

2011 年 9 月 1000 ~ 10 000 50 ~ 1000 3 ~ 50

2014 年 4 月 50 ~ 100 3 ~ 50

1946 年，在加利福尼亚，人们首次向海洋中倾倒了核废料，并在比基尼岛上进行了首次原子弹试爆。接下来是 2040 起精心策划的核爆试验，其中美国发起了 1000 起，法国发起了 193 起——其中包括在法属波利尼西亚的穆鲁罗瓦和方阿陶法环礁岛进行的试验。

核电站事故也会将大量放射性物质泄漏到环境中，例如 1957 年的塞拉菲尔德反应堆大火和 1986 年的切尔诺贝利核泄漏，反应堆爆炸和熔解之后，大量放射性物质散逸到了大气中并通过干沉降和降雨的方式扩散到土壤、河流，以及波罗的海北部和亚得里亚海中。2011 年，海啸导致福岛核电站发生爆炸，部分反应堆熔化。数百万吨受到放射性污染的冷却剂泄漏到北太平洋。2014 年，来自世界各地的遥感技术专家和科学家细致观测了扩散到北美海岸的辐射量。

1. 贝克勒尔（Bq）用于表示放射性强度，1 贝克勒尔为放射性物质中每秒有一个原子发生衰变。

福岛与海洋生态系统

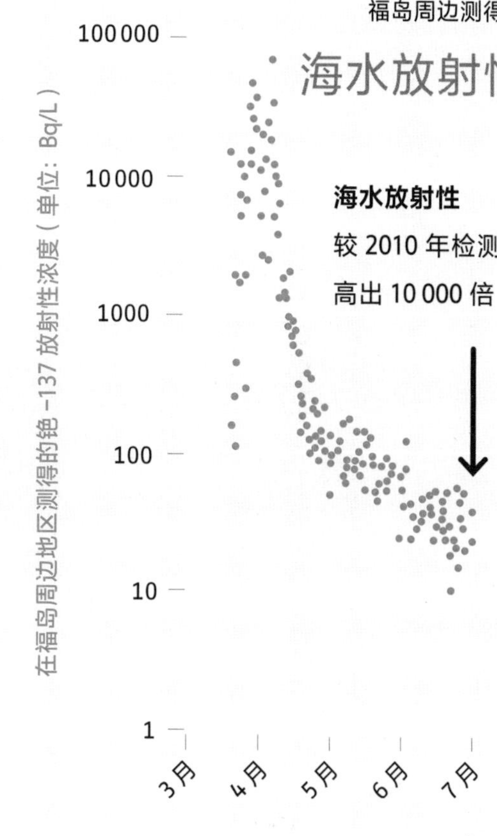

2011 年 3 月 11 日，目前为止最大量的放射性物质泄漏到海洋中。造成这一情况的原因是地震导致了高达 15 m 的海啸巨浪，淹没了日本福岛第一核电站的核反应堆。几次爆炸后，人们用海水冷却处于崩溃状态的 1 至 3 号反应堆作为紧急措施。最初，含有放射性物质的冷却用海水直接流回大海。大量放射性物质污染了空气、土壤和水，日本政府紧急疏散了约 17 万人。沿海地区的生物受到很大影响，尤其是底栖生物，因为放射性物质在沉积物中快速积累，从而使其比周边水域的放射性更高，而水流稀释了污染物并使其迅速扩散。

在海洋中，最常见的放射性元素是铯-137，半衰期[1]约为 30 年。反应堆熔化之后，在日本沿海水域测得的放射性强度为 5000 Bq/L。2011 年下半年的测量值仍为 4500 Bq/L，而到 2012 年已降至 77 ~ 200 Bq/L。此后，该海域海水放射性强度几乎保持恒定，而并未降到反应堆熔化前 2 Bq/L 的水平。这证明放射性污染物还在通过地下水、雨水或泄漏的储水罐持续渗入太平洋。

在北美沿岸，测得海水放射性平均浓度为 11 Bq/L，远低于美国规定的饮用水安全标准（1200 Bq/L），因此可认为是无害的。

2011 年 8 月

太平洋蓝鳍金枪鱼是洄游性鱼类，它们在日本沿海产卵，然后迁徙 10 000 km 跨太平洋到达美国沿岸。在一项对比研究中，发现圣地亚哥的金枪鱼铯-137 含量高出其他地方 10 倍。

2012 年 5 月

据估计，福岛附近沿海地区的海底已沉积了 95 万亿贝克勒尔的铯。如果海底生物和浮游生物一直从沉积物中获取有机质，它们受到的污染程度会更高。

1. 半衰期：放射性元素的原子核半数发生衰变所需的时间。

福岛周边测得的

沉积物放射性

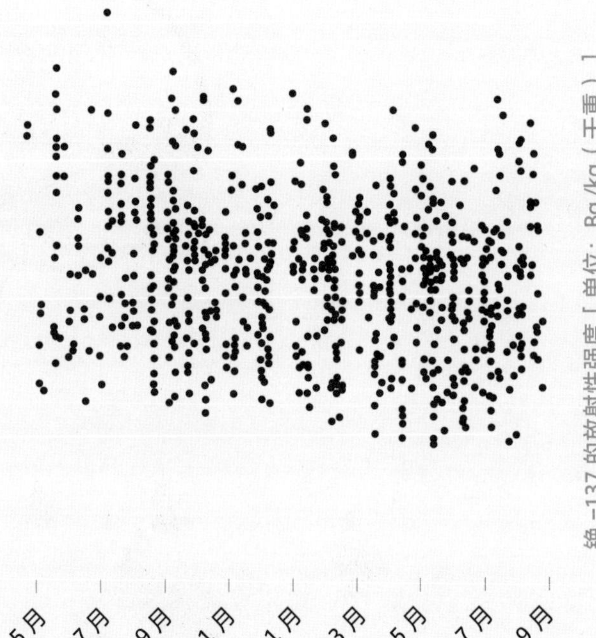

铯-137 的半衰期约为 30 年。人体将其当作钾元素处理，因此将其存储在肌肉、肾脏、肝脏和骨骼细胞中。

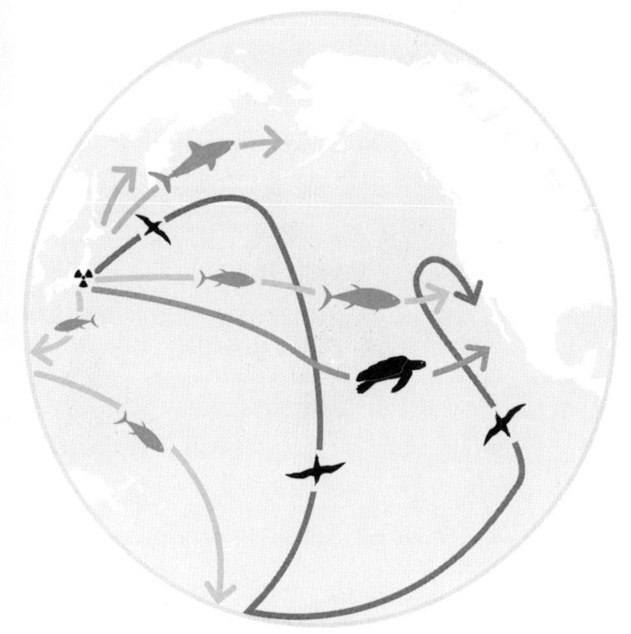

2013 年 2 月 21 日

记录：在受损福岛反应堆附近海域捕获的六线鱼测得铯含量为每千克 74 万贝克勒尔。铯含量的全球安全标准为 600 贝克勒尔，而事故发生后日本标准调整为 1250 贝克勒尔。

2013 年 11 月 17 日

在福岛以南 37 km 处捕获的一头赤鲷体内，测得铯-137 水平达每千克 12 400 贝克勒尔。

迁移路线

许多物种从靠近日本的产卵地开始迁徙，横穿整个太平洋地区，一直到食物丰富的环境，例如加利福尼亚或阿拉斯加地区。

数据来源：Kanda（2012），Madigan（2012），McIntyre（2010），美国国家科学基金会（NSF）（2011），Pacchioli（2013），伍兹霍尔海洋研究所（WHOI）（2016）

1901—2016 年最大的几次原油泄漏事件

美国

1909 年，历史上最大的漏油事件发生在加利福尼亚州克恩县附近：由于钻探泄漏，大约有 1 227 600 吨石油渗入周围环境中。

波斯湾

在海湾战争期间，美军袭击伊拉克的油罐时，伊拉克士兵打开了海岛油库的阀门。大约有 100 万吨原油溢出，扩散并污染了南科威特和沙特阿拉伯沿岸。

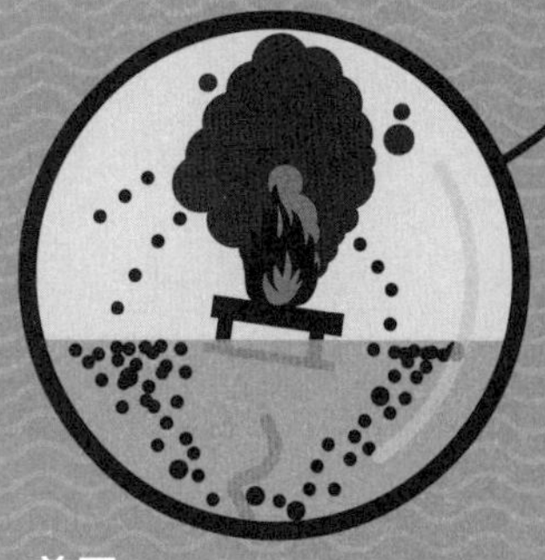

美国

2010 年 4 月，深海地平线钻井平台在一次钻探事故中泄漏了约 470 779 吨重油。

数据来源：意外水污染文献研究与实验中心（CEDRE）（2016），Maribus（2010），伍兹霍尔海洋研究所（WHOI）（2011）

1 升石油可以污染多达 100 万升饮用水，而每年约有 26 亿升石油泄漏到海洋。

泄入海洋的

石油来源还存在争议，有两种不同的科学估测。

伍兹霍尔海洋研究所

世界海洋评论

自然源，
石油从海底渗出

47 %

5

航运，
如油罐清洁和维护导致

24

35

废水、大气沉降和钻井平台泄漏

19

45

日本

1974 年 11 月，一艘油轮触礁导致约 52 836 吨石油泄漏到本州岛附近的东京湾海域。

南非

1983 年 6 月，西班牙一艘油轮贝利维尔号发生大火，导致 25 万吨轻油从萨尔达尼亚湾向周边海域扩散。

石油对生物体的危害

石油泄漏的后果

风浪将油污扩散。油污在水面蒸发，海洋中自然生长的嗜油菌也能分解石油中的某些成分，它们代谢轻油的速度比重油更快。

浮游生物 + 鱼卵

和油污接触后，这些脆弱的微生物和鱼卵会立即死亡或者严重畸形。

植物

植物群落也遭到油污的严重破坏。海草死亡，而有抗性的藻类会扩张。大海龟和海牛会因食用受污染的海草而生病或死亡。

石油污染下的食物链和疾病传播

人类

食用被石油污染的水或食物会导致癌症、肝和呼吸系统疾病。

小型鱼类

很多小型鱼类以浮游生物为食。当它们捕食大量遭受污染的浮游生物或陷入漏油事故中时，要么立即死亡，要么沦为严重疾病如心律不齐、生殖和肝功能障碍的牺牲品。此外，这也会导致其后代的体型变得更小。

鹈鹕

喜欢蹲在水边或浮在水面的习性，使鹈鹕的羽毛特别容易沾上油污，而当它们试图修饰羽毛、进食或呼吸时，油污会进入体内，从而造成器官损伤。如果鹈鹕的羽毛严重沾油，它们可能会被淹死。

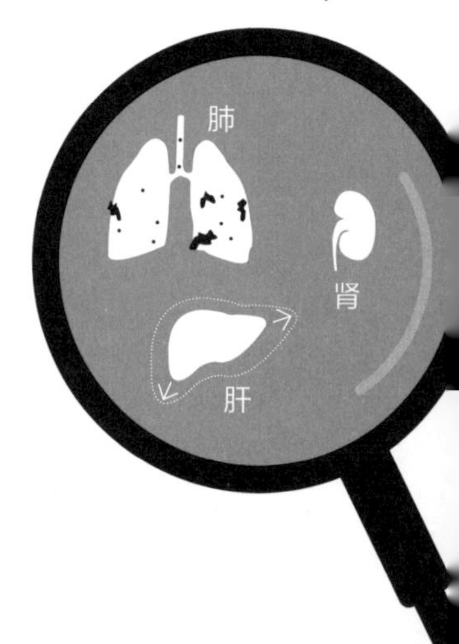

以海龟为例

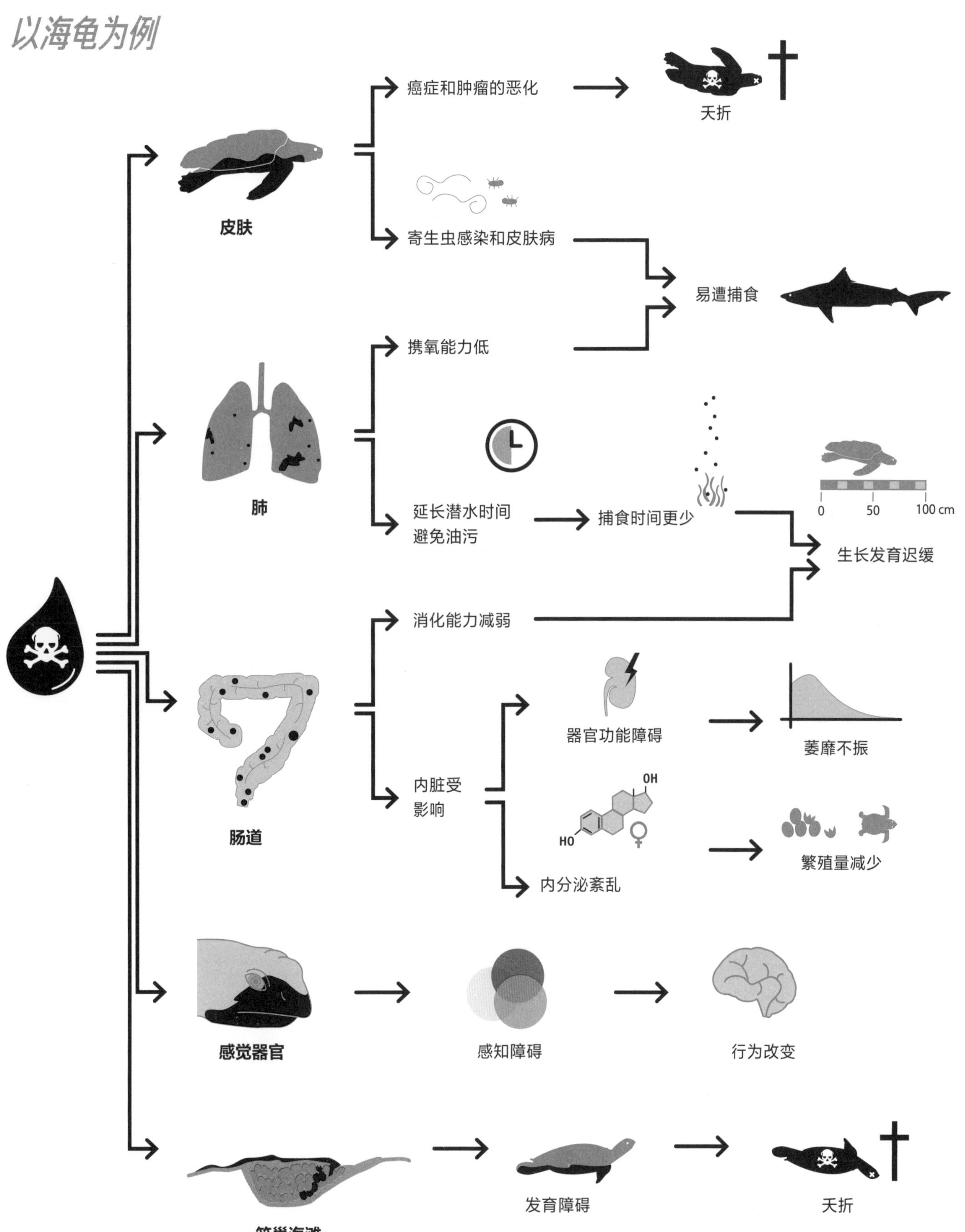

数据来源：美国鱼类及野生动植物管理局（FWS）（2010），美国国家海洋和大气管理局（NOAA）（2010）

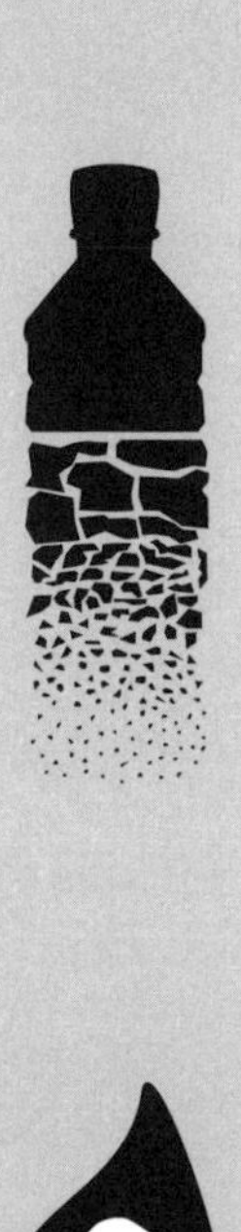

»

人类给海洋造成了生态压力。

其中众所周知的一个例子是塑料污染，

其他因素还包括石油、放射性和化肥的污染。

不仅如此，

海洋还承受着全球变暖的影响。

海洋生态系统还能承受这些压力多长时间？

生态系统一旦崩溃，

人类也不能幸免，

……

«

——莫吉布·拉蒂夫　教授/博士

亥姆霍兹海洋研究中心/基尔大学，德国基尔

海洋发展与保护大事记

1954年【国际】《国际防止海洋石油污染公约》订立

1959年【中国】西沙海洋环境监测站在永兴岛成立

1960年【国际】联合国政府间海洋学委员会成立

1964年【中国】中国国家海洋局成立

1966年【中国】国家海洋局开始实施海洋标准断面调查

1970年【国际】首届世界海洋和平大会于在马耳他召开

1972年【国际】《防止倾倒废物及其他物质污染海洋公约》订立，并于1975年生效，1985年对中国生效

【中国】中国首次海洋污染调查在渤海及北黄海部分海域开展

1973年【国际】《国际防止船舶造成污染公约》订立，取代1954年订立的《国际防止海洋石油污染公约》

1978年【中国】国家海洋局组织的“东海沿海水域污染调查”完成，首次发布《海洋污染通报》

1979年【中国】中国当选政府间海洋学委员会执行理事会成员国

【中国】中国海洋学会成立

1980年【中国】中国第一个南极科学考察小组赴南极澳大利亚凯西站考察、访问

【中国】江苏对苏北辐射沙洲海域进行大规模海岸带综合调查，这是全国海岸带第一次调查

【中国】中国第一个海洋海岸类型的自然保护区——海南东寨港保护区成立，并于1986年晋升为国家级保护区。目前，各种类型的海洋保护区总面积占中国管辖海域面积的6.6%

1981年【中国】国家南极考察委员会正式成立

1982年【国际】《联合国海洋法公约》通过，并于1994年11月16日生效

1983年【中国】《中华人民共和国海洋环境保护法》生效

【中国】中国正式成为南极条约组织成员国

1984年【中国】国家海洋局首次运用航空遥感手段监视监测渤、黄海石油污染情况

【中国】中国首支南极考察队乘坐“向阳红10号”赴南极建站和科学考察

1985年【中国】中国第一个南极科学考察站长城站落成，此后中国又在南极先后建立了中山站（1989年）、昆仑站（2009年）和泰山站（2014年）三个科学考察站

【中国】中国成为《南极条约》协商国成员

1987年【中国】全国海岸带和海涂资源综合调查、开发利用成果汇报展览会在北京开幕

1988年【中国】南沙永暑礁海洋观测站建站

1990年【国际】《国际油污防备、反应和合作公约》订立，1995年生效，1998年对中国生效

【中国】国家海洋局首次发布了《中国海洋环境年报》《中国海洋灾害公报》《中国近海海域环境质量年报》和《中国海平面公报》

1991年【中国】首次全国海洋工作会议在北京召开

1992年【国际】政府间海洋委员会（IOC）执委会正式提出建立全球海洋观测系统（GOOS）的计划

1994年【国际】联合国大会通过决议，宣布1998年为“国际海洋年”

1995年【中国】国家海洋局印发《海洋工作“九五”计划和2010年长远规划基本思路》

1996年【中国】《中国海洋21世纪议程》和《中国海洋21世纪议程行动计划》发布

【中国】历时8年的全国海岛资源综合调查结束

【中国】中国加入《联合国海洋法公约》

1998年【中国】国家海洋局举办中国国际海洋年系列活动

【中国】《中国海洋事业的发展》白皮书发布

1999年【中国】中国首次北极科学考察，“雪龙”号科学考察船首航北极

2000年 【国际】为期10年的国际海洋生物普查（Census of Marine Life, CoML）计划开展，包括海洋生物种群历史研究（History of Marine Animal Populations，HMAP）、海洋生物种群预测研究（Future of Marine Animal Populations，FMAP）和海洋生物地理信息系统（Ocean Biogeographic Information System，OBIS）三大块内容。

2002年 【国际】约翰内斯堡联合国可持续发展峰会提出识别海洋保护区，包括禁渔区和禁渔期的海洋保护目标

【中国】中国自行研制的第一颗海洋卫星“海洋一号A”发射升空

2003年 【中国】《全国海洋经济发展规划纲要》发布

2004年 【国际】2004年《生物多样性公约》第7次缔约方大会提出建立海洋保护区网络的目标

【中国】国家海洋局首次发布《中国海洋经济统计公报》

【中国】中国首个北极科考站——黄河站建成

2005年 【中国】远洋科学考察船“大洋一号”开始执行中国首次环球大洋科学考察任务

【中国】政府间海洋学委员会中国委员会在北京成立

2006年 【中国】中国近海海洋水体环境准同步调查正式启动

【中国】首次全国海洋科技大会召开

【中国】中国首次发布海洋生产总值数据

2007年 【中国】我国正式启动全国海岛保护与开发规划编制工作

2008年 【国际】联合国大会通过决议，决定自2009年起，每年的6月8日为“世界海洋日”

【国际】第一届全球海洋生物多样性大会在西班牙瓦伦西亚召开，此后每三年召开一次

【中国】《国家海洋事业发展规划纲要》发布

【中国】7月18日，国家海洋局启动首个全国海洋宣传日活动。之后由于联合国指定6月8日为“世界海洋日”，中国自2010年起改为每年6月8日举办“世界海洋日暨全国海洋宣传日”活动

2010年 【中国】《中华人民共和国海岛保护法》正式实施

2011年 【中国】我国第一颗海洋动力环境卫星“海洋二号”发射成功

2012年 【国际】首届世界海洋峰会召开

【中国】国家海洋调查船队成立

【中国】国务院印发《全国海洋经济发展“十二五”规划》

【中国】“我国近海海洋综合调查与评价”专项通过总验收

2013年 【中国】中国成为北极理事会正式观察员国

2014年 【中国】中国第一次全国范围的海洋经济调查正式启动

2015年 【中国】中国国家深海基地在青岛建成启用

2016年 【国际】首份《世界海洋评估》出版

【国际】第6届世界自然保护大会提出30%的海洋保护目标，计划到2030年以高强度措施保护30%的海洋

【中国】国家海洋局印发《关于全面建立实施海洋生态红线制度的意见》及《海洋生态红线划定技术指南》，全国海洋生态红线划定工作全面启动

2017年 【国际】首届联合国海洋大会在纽约召开

【国际】联合国教科文组织宣布“海洋科学促进可持续发展十年”(2021-2030)计划

【中国】国务院办公厅印发《建立国家公园体制总体方案》，海洋类国家公园是其中的重要组成部分

2018年 【中国】山东长岛率先启动海洋类国家公园创建工作

2019年 【中国】国家海洋博物馆在天津成立

【中国】海洋生态环保“十四五”规划编制全面启动

2020年 【中国】《红树林保护修复专项行动计划（2020～2025年）》发布

参考文献

导言

004|005 Heinrich Böll Stiftung (HBS) (2017): Meeresatlas 2017. Daten und Fakten über unseren Umgang mit dem Ozean https://www.boell.de/de/2017/04/25/meeresatlas-daten-und-fakten-ueber-unseren-umgang-mit-dem-ozean (Stand: 01.06.2017)

第一章 海洋与气候变化

008|009 Jouzel, J., Masson-Delmotte, V., Cattani, O., Dreyfus, G., Falourd, S., et al. (2007): Orbital and Millennial Antarctic Climate Variability over the Past 800 000 Years. Science Vol. 317, No. 5839, pp.793-797, 10 August 2007. doi: 10.1126/science.1141038

Maribus (2010): World Ocean Review – Mit den Meeren leben (S. 10). http://worldoceanreview.com (Stand: 03.06.2016)

NASA (2015): Featured Article: How is Today's Warming Different from the Past?
http://earthobservatory.nasa.gov/Features/GlobalWarming/page3.php (Stand: 03.06.2016)

010|011 EPA (2014): Climate Change Indicators in the United States: Ocean Heat. http://www.epa.gov/climatechange/indicators

Gleckler, P.J., Durack, P.J., Stouffer, R.J., Johnson, G.C., Forest, C.E. (2016): Industrial-era global ocean heat uptake doubles in recent decades. Nature Climate Change 18th January 2016. DOI: 10.1038/nclimate2915

IPCC (2013): Climate Change 2013: The Physical Science Basis. http://www.ipcc.ch/report/ar5/wg1/ (Stand: 14.04.2017)

012|013 ARC Centre of Excellence, Coral Reef Studies (ARC) (2016): Heat sickens corals in global bleaching event.
https://www.coralcoe.org.au/media-releases/heat-sickens-corals-in-global-bleaching-event (Stand: 14.04.2017)

IPCC (2014): Synthesis Report, Fifth Assessment Report. https://www.ipcc.ch/report/ar5/syr/ (Stand: 14.04.2017)

Neuheimer, A.B., Hartvig, M., Heuschele, J., Hylander, S., Kiørboe, T., et al. (2015): Adult and offspring size in the ocean over 17 orders of magnitude follows two life history strategies. Ecology, 96: 3303–3311. doi: 10.1890/14-2491.1

Verge´s, A., et al. (2014): The tropicalization of temperate marine ecosystems: climate-mediated changes in herbivory and community phase shifts. Proc. R. Soc. B 281: 20140846. http://dx.doi.org/10.1098/rspb.2014.0846 (Stand: 03.06.2016)

XL Catlin Seaview Survey (2016): Coral Reefs. http://catlinseaviewsurvey.com/science/coral-reefs (Stand: 03.06.2016)

014|015 IGBP, IOC, SCOR (2013): Ozeanversauerung. Zusammenfassung für Entscheidungsträger Third Symposium on the Ocean in a High-CO2 World.
http://www.igbp.net/download/18.2fc4e526146d4c130b72cf/1411549163212/OzeanversauerungZfE.pdf (Stand: 14.04.2017)

Maribus (2010): World Ocean Review – Mit den Meeren leben. http://worldoceanreview.com (Stand: 03.06.2016)

Climate Central (CC) (2010): Ocean Acidification Process.
http://www.climatecentral.org/gallery/graphics/ocean-acidification-process (Stand: 03.06.2016)

NOAA (2016): Earth System Research Laboratory. Global Monitoring Division (/gmd/)
https://www.esrl.noaa.gov (Stand: 01.06.2017)

016|017 Maribus (2010): World Ocean Review – Mit den Meeren leben. http://worldoceanreview.com (Stand: 03.06.2016)

NASA (2012): Satellites See Unprecedented Greenland Ice Sheet Surface Melt.
http://www.nasa.gov/topics/earth/features/greenland-melt.html (Stand: 03.06.2016)

Rahmstorf, S., Box, E., Feulner, G., et al. (2015): Exceptional twentieth-century slowdown in Atlantic Ocean overturning circulation. Nature Climate Change, 23. März 2015. doi: 10.1038/nclimate2554

018|019 IPCC (2014): Synthesis Report, Fifth Assessment Report. https://www.ipcc.ch/report/ar5/syr/ (Stand: 14.04.2017)

Maribus (2010): World Ocean Review – Mit den Meeren leben. http://worldoceanreview.com (Stand: 15.03.2016)

Pollard, D., DeConto, R.M. (2016): Contribution of Antarctica to past and future sea-level rise. Nature.
http://dx.doi.org/10.1038/nature17145 (Stand: 06.06.2016)

Vermeer, M., Rahmstorf, S. (2009): Global sea level linked to global temperature. PNAS.
http://www.pnas.org/content/106/51/21527.full.pdf (Stand: 14.04.2017)

第二章 海洋与生物多样性

024|025 Mittermeier, R.A., Turner, W.R., Larsen, F.W., Brooks, T.M., Gascon, C. (2011): Global biodiversity conservation: the critical role of hotspots. Springer, Heidelberg

Kieneke, A., Schmidt-Rhaesa, A., Hochberg, R. (2015): new species of Cephalodasys (Gastrotricha, Macrodasyida) from the Caribbean Sea with a determination key to species of the genus. http://dx.doi.org/10.11646/zootaxa.3947.3.4 (Stand: 01.06.2017)

William, D., et al. (2016): Grammatonotus brianne, a new callanthiid fish from Philippine waters, with short accounts of two other Grammatonotus from the Coral Triangle. http://doi.org/10.11646/zootaxa.4173.3.7

Poulsen, J.Y., et al. (2016): Preservation Obscures Pelagic Deep-Sea Fish Diversity. Doubling the Number of Sole-Bearing Opisthoproctids and Resurrection of the Genus Monacoa (Opisthoproctidae, Argentiniformes). PLoS ONE 11(8): e0159762.

Maribus (2010): World Ocean Review – Mit den Meeren leben. http://worldoceanreview.com (Stand: 03.06.2016)

026|027 Abdulla, A., et al. (2013): Marine Natural Heritage and the World Heritage List. Interpretation of World Heritage criteria in marine systems, analysis of biogeographic representation of sites, and a roadmap for addressing gaps. IUCN, Gland, Schweiz

International Union for Conservation of Nature (IUCN) (2020): The IUCN Red List of Threatened Species. http://www.iucnredlist.org (Stand: 17.03.2020)

028|028 Maribus (2010): World Ocean Review – Mit den Meeren leben. http://worldoceanreview.com (Stand: 15.03.2016)

Stramma, L., Schmidt, S., Levin, L.A., Johnson, G.C. (2010): Ocean oxygen minima expansions and their biological impacts. http://www.elsevier.com/locate/dsri (Stand: 15.03.2016)

NODC, NOAA (2005): World Ocean Atlas 2005. IRI/LDEO Climate Data Library, Columbia University. http://iridl.ldeo.columbia.edu/

030|031 Australian Government Department of the Environment (AGDE) (2016): Commonwealth Marine Reserves Review. Goals and Principles. http://www.environment.gov.au/marinereservesreview/goals-principles (Stand: 03.06.2016)

UNEP-WCMC, IUCN (2016): Protected Planet Report 2016. UNEP-WCMC und IUCN: Cambridge, UK und Gland, Schweiz. https://wdpa.s3.amazonaws.com/Protected_Planet_Reports/2445%20Global%20Protected%20Planet%202016_WEB.pdf

Sciberras, M., Jenkins, S.R., Mant, R., Kaiser, M.J., Hawkins, S.J., Pullin, A.S. (2015): Evaluating the relative conservation value of fully and partially protected marine areas. Fish and Fisheries, 16: 58-77. doi: 10.1111/faf.12044

第三章　海洋捕捞的现状与未来

036|037 FAO (2016): The State of World Fisheries and Aquaculture. http://www.fao.org/3/a-i5555e.pdf (Stand: 17.02.2017)

Pauly, D., Zeller, D. (2016): Catch reconstructions reveal that global marine fisheries catches are higher than reported and declining. nature communications. DOI: 10.1038/ncomms10244

038|039 Watson, R., Zeller, D., Pauly, D. (2012): Spatial expansion of EU and non-EU fishing fleets into the global ocean 1950 to present. The Sea around us-Project, Fish Centre Univ. British Columbia, Kanada, und World Wildlife Fund (WWF) http://wwf.panda.org/wwf_news/?203247/Wild-west-fishing-in-distant-waters (Stand: 22.11.2017)

040|041 EU Fishing Fleet Register (2016). http://ec.europa.eu/fisheries/fleet/index.cfm (Stand: 22.11.2017)

Greenpeace (2014): Fish Fairly. http://www.greenpeace.de/fairfischen (Stand: 22.11.2017)

Reedereien (2017): Havfisk, Norway. http://www.havfisk.no/en (Stand: 22.11.2017) Parlevliet en Van der Plas B.V., Netherlands. http://parlevliet-vanderplas.nl/ (Stand: 22.11.2017)

042|043 International Seafood Sustainability Foundation (ISSF) (2017): Fishing Methods – An Overview. http://iss-foundation.org/about-tuna/fishing-methods (Stand: 21.03.2017)

Seafish Fisheries Development Centre (2015): Basic Fishing Methods. A comprehensive guide to commercial fishing methods. http://www.seafish.org/media/publications/BFM_August_2015_update.pdf (Stand: 14.04.2017)

044|045 Preston, G.L., et al. (1999): Techniques de pêche profonde pour les Iles du Pacifique. Manuel à l'intention des Pêcheurs. Secrétariat général de la Communauté du Pacifique. http://www.reefbase.org/pacific/pub_E0000001373.aspx (Stand: 14.04.2017)

046|047 FAO (2016): The State of World Fisheries and Aquaculture. http://www.fao.org/3/a-i5555e.pdf (Stand: 17.02.2017)

ISSF (2017): Status Of The World Fisheries for Tuna. ISSF Technical Report 2017-02. http://iss-foundation.org/knowledge-tools/technical-and-meeting-reports (Stand: 14.04.2017)

048|049 Clarke, S.C., Harley, S.J., Hoyle, S.D., Rice J.S. (2007): Population Trends in Pacific Oceanic Sharks and the Utility of Regulations on Shark Finning. Oceanic Fisheries Program, Secretariat of the Pacific Community, B.P. D5,98848, Noum´ea CEDEX, Neukaledonien

European Commission (EC) (2011): Public Consultation on the Amendment of Council Regulation on the Removal of Fins of Sharks. http://ec.europa.eu/dgs/maritimeaffairs_fisheries/consultations/shark_finning_ban/consultation_document_en.pdf (Stand: 14.04.2017)

FAO (2014): The State of World Fisheries and Aquaculture. http://www.fao.org/3/a-i3720e.pdf (Stand: 14.04.2017) IUCN Shark Specialist Group (2003): IUCN Information Paper. Shark Finning.
http://www.uicnmed.org/web2007/CD2003/conten/pdf/shark_FINAL.pdf (Stand: 14.04.2017)

WildAid (2014): Evidence of declines in Shark fin demand China.
http://wildaid.org/sites/default/files/SharkReport_spread_final_08.07.14.pdf (Stand: 03.06.2016)

050|051 ceta-base (2012): Tracking Taiji. Live Capture & Export Data from Drive Fisheries. Ceta-Base: Online Marine Mammal Inventory. 2012

Sea Shepherd (2016): Cove Guardians. Operation Infinite Patience. Dolphin Defense Campaign.
http://www.seashepherd.org/cove-guardians/facts.html (Stand: 03.06.2016)

052|053 Brewer, D., et al. (2006): The impact of turtle excluder devices and bycatch reduction devices on diverse tropical marine communities in Australia's northern prawn trawl fishery. Fisheries Research. Volume 81, Issues 2–3, November 2006, 176–188

Haine, O.S., Garvey, J.R. (2005): Northern Prawn Fishery Data Summary 2005. Logbook Program, Australian Fisheries Management Authority.
http://www.afma.gov.au/wp-content/uploads/2010/06/NPF-Data-Summary-2005-2.pdf?afba77 (Stand: 21.03.2017)

Lewison, R.L., et al. (2014): Global patterns of marine mammal, seabird, and sea turtle bycatch reveal taxa-specific and cumulative megafauna hotspots. PNAS, 2014 Apr 8; 111(14): 5271–5276.
http://www.ncbi.nlm.nih.gov/pmc/articles/PMC3986184 (Stand: 03.06.2016)

Consortium for Wildlife Bycatch Reduction (CWBR) (2017). http://www.bycatch.org (Stand: 03.06.2016)

054|057 Maribus (2013): World Ocean Review 2, Die Zukunft der Fische – die Fischerei der Zukunft.
http://worldoceanreview.com (Stand: 03.06.2016)

FAO (2014): The State of World Fisheries and Aquaculture. http://www.fao.org/3/a-i3720e.pdf (Stand: 14.04.2017)

058|059 Department of Fisheries and Oceans Canada (DFO) (2013): Aquaculture in Canada: Integrated Multi-Trophic Aquaculture (IMTA)
http://publications.gc.ca/collections/collection_2013/mpo-dfo/Fs45-4-2013-eng.pdf (Stand: 14.04.2017)

Maribus (2013): World Oceand Review 2, Die Zukuft der Fische – die Fischerei der Zukunft.

060|061 Agnew, D.J., Pearce, J., Pramod, G., Peatman, T., Watson, R., Beddington, J.R., Pitcher, T.J. (2009): Estimating the Worldwide Extent of Illegal Fishing. PLoS ONE 4(2):e4570. doi:10.1371/journal.pone.0004570

Maribus (2013): World Ocean Review 2, Die Zukunft der Fische – die Fischerei der Zukunft.

United Nations Conference on Trade and Development (UNCTAD) (2013): Review of maritime transport 2013
http://unctad.org/en/PublicationsLibrary/rmt2013_en.pdf (Stand: 14.04.2017)

第四章　海洋产业的困境与前景

066|067 U.S. Energy Information Administration (EIA) (2017): Short-Term Energy Outlook – Global Liquid Fuels.
https://www.eia.gov/outlooks/steo/report/global_oil.cfm (Stand: 14.04.2017)

CIA (2015): The World Factbook. https://www.cia.gov/library/publications/the-world-factbook (Stand: 25.01.2016)

OECD/IEA (2016): Key World Energy Statistics.
https://www.iea.org/publications/freepublications/publication/key-world-energy-statistics.html (Stand: 14.04.2017)

Global Wind Energy Council (GWEC) (2016): Global Wind Statistics 2015.

Quest Offshore (2013): The Economic Benefits of Increasing U.S. Access to Offshore Oil and Natural Gas Resources in the Atlantic.
http://www.api.org/~/media/files/oil-and-natural-gas/exploration/offshore/atlantic-ocs/offshore-state-fl.pdf (Stand: 14.04.2017)

068|069 European Wind Energy Association (EWEA) (2016): Offshore statistics.
http://www.ewea.org/statistics/offshore-statistics (Stand: 18.03.2016)

Gill, A.B. (2005): Offshore renewable energy. Ecological implications of generating electricity in the coastal zone. Journal of Applied Ecology. http://onlinelibrary.wiley.com/doi/10.1111/j.1365-2664.2005.01060.x/abstract (Stand: 14.04.2017)

James, V. (2013): Marine Renewable Energy: A Global Review of the Extent of Marine Renewable Energy Developments, the Developing Technologies and Possible Conservation Implications for Cetaceans.
http://uk.whales.org/sites/default/files/wdc-marine-renewable-energy-report.pdf (Stand: 14.04.2017)

Langhamer, O. (2012): Artificial Reef Effect in relation to Offshore Renewable Energy Conversion: State of the Art. The Scientific World Journal Volume 2012. http://dx.doi.org/10.1100/2012/386713 (Stand: 18.03.2016)

Wahlberg, M., Westerberg, H. (2005): Hearing in fish and their reactions to sounds from offshore wind farms. Marine Ecology Progress Series, vol. 288. http://www.int-res.com/abstracts/meps/v288/p295-309 (Stand: 14.04.2017)

Zeiler, M., Dahlke, C., Nolte, N. (2005): Offshore-Windparks in der ausschließlichen Wirtschaftszone von Nord- und Ostsee. Promet, Jahrg. 31, Nr. 1. http://www.bsh.de/de/Meeresnutzung/Wirtschaft/Windparks/Windparks/Literatur/Genehmigungsverfahren_fuer_Offshore-Windparks.pdf (Stand: 14.04.2017)

070|071 World Energy Council (WEC) (2013): 2013 Survey of Energy Resources. https://www.worldenergy.org/publications/2013/world-energy-resources-2013-survey (Stand: 14.04.2017)

Ocean Energy Systems (OES) (2014): 2014 Annual Report. Implementing Agreement on Ocean Energy Systems. https://report2014.ocean-energy-systems.org (Stand: 14.04.2017)

072|073 GEOMAR (2016): Massivsulfide – Rohstoffe aus der Tiefsee. http://www.geomar.de/fileadmin/content/service/presse/public-pubs/massivsulfide_2016_de_web.pdf

Maribus (2014): World Ocean Review 3. Rohstoffe aus dem Meer – Chancen und Risiken. http://worldoceanreview.com (Stand: 14.04.2017)

Rona, P.A. (2003): Resources of the sea floor. Science. http://science.sciencemag.org/content/299/5607/673 (Stand: 14.04.2017)

Umweltbundesamt (UBA) (2013): Tiefseebergbau und andere Nutzungsarten der Tiefsee. http://www.umweltbundesamt.de/themen/ wasser/gewaesser/meere/nutzung-belastungen/tiefseebergbau-andere-nutzungsarten-der-tiefsee (Stand: 06.06.2016)

United Nations Environmental Programme (UNEP) (2013): Wealth in the Oceans: Deep sea mining on the horizon? UNEP Global Environmental Alter Service. http://www.unep.org/geas (Stand: 06.06.2016)

074|075 Bundesanstalt für Geowissenschaften und Rohstoffe (BGR) (2015): Abbau-/Fördertechnik Massivsulfide und Manganknollen

Devold, H. (2013): Oil and gas production handbook. An introduction to oil and gas production, transport, refining and petrochemical industry. http://resourcelists.rgu.ac.uk/items/6D0FE355-9C5F-56B1-3D6C-CD82B8041428.html (Stand: 14.04.2017)

Maribus (2014): World Ocean Review 3. Rohstoffe aus dem Meer – Chancen und Risiken.

076|077 Kommission der Europäischen Gemeinschaften, Statistisches Amt (KEG) (1970): Der Seeverkehr der Länder der Gemeinschaft. 1955, 1960 und 1967 – Eine statistische Studie, Brüssel-Luxemburg, Mai 1970

NABU (2014): Luftschadstoffemissionen von Containerschiffen. Hintergrundpapier. https://www.nabu.de/imperia/md/content/nabude/verkehr/140623-nabu-hintergrundpapier_containerschifftransporte.pdf (Stand: 14.04.2017)

United Nations Conference on Trade and Development (UNCTAD) (2016): Review of Maritime Transport. http://unctad.org/en/PublicationsLibrary/rmt2016_en.pdf (Stand: 14.04.2017)

078|079 Marine Traffic (2016): Live map. http://www.marinetraffic.com (Stand: 23.02.2016)

Corbett, J.J., et al.(2007): Mortality from Ship Emissions. A Global Assessment. http://pubs.acs.org/doi/full/10.1021/es071686z (Stand: 01.06.2017)

080|081 Jasny, M., Reynolds, J., Horowitz, C., Wetzler, A. (2005): Sounding the Depths II: The rising toll of sonar, shipping and industrial ocean noise on marine life. Natural Resources Defense Council. http://www.nrdc.org/wildlife/marine/sound/contents.asp (Stand: 15.03.2016)

Nowacek, S.M., Wells, R.S., Solow, A.R. (2001): Short-term effects of boat traffic on bottlenose dolphins, tursiops truncatus, in Sarasota Bay, Florida, Marine Mammal Science, 17(4):673-688 (October 2001)

Schorr, G.S., Falcone, E.A., Moretti, D.J., Andrews, R.D. (2014): First Long-Term Behavioral Records from Cuvier's Beaked Whales (Ziphiuscavirostris) Reveal Record-Breaking Dives. PLoS One. 2014; 9(3): e92633. doi: 10.1371/journal.pone.0092633

Veirs, S., Veirs, V., Wood, J.D. (2016): Ship noise extends to frequencies used for echolocation by endangered killer whales. PeerJ 4:e1657. https://doi.org/10.7717/peerj.1657 (Stand: 14.04.2017)

082|083 Andrulewicz, E., Napierska, D., Otremba, Z. (2003): The environmental effects of the installation and functioning of the submarine SwePol Link HVDC transmission line. A case study of the Polish Marine Area of the Baltic Sea. Journal of Sea Research. http://www.sciencedirect.com/science/article/pii/S1385110103000200 (Stand: 14.04.2017)

TeleGeography (TG) (2016): Submarine Cable Map. Global Bandwidth Research Service. http://www.submarinecablemap.com (Stand: 26.02.2016)

Starosielski, N. (2015): The Undersea Network. Duke University Press. https://www.dukeupress.edu/the-undersea-network (Stand: 01.06.2017)

088|089 Centre for Science and Environment (CSE) (2013): 7th State of India's Environment Report: Excreta Matters. http://cseindia.org/content/excreta-matters-0 (Stand: 14.04.2017)

United States Environmental Protection Agency (EPA) (2012): Municipal Solid Waste Generation, Recycling, and Disposal in the United States: Facts and Figures for 2012. https://archive.epa.gov/epawaste/nonhaz/municipal/web/html/ (Stand: 14.04.2017)

Klein, R.A. (2009): Getting a Grip on Cruise Ship Pollution. http://www.foe.org/projects/oceans-and-forests/cruise-ships (Stand: 14.04.2017)

Maribus (2010): World Ocean Review 1 – Mit den Meeren leben. http://worldoceanreview.com (Stand: 03.06.2016)

Umweltbundesamt (UBA) (2015): Quellen für Mikroplastik mit Relevanz für den Meeresschutz in Deutschland. https://www.umweltbundesamt.de/sites/default/files/medien/378/publikationen/texte_63_2015_quellen_fuer_mikroplastik_mit_ relevanz_fuer_den_meeresschutz_1.pdf (17.12.2017)

United Nations Environment Programme (UNEP) (2005): Marine Litter. An Analytical Overview. http://www.unep.org/regionalseas/marinelitter/publications/docs/anl_oview.pdf (Stand: 20.04.2015)

090|091 Schlining, K., et al. (2013): Debris in the deep: Using a 22-year video annotation database to survey marine litter in Monterey Canyon, Central California, USA. Monterey Bay Aquarium Research Institute (MBARI)

Plastics Europe (PE) (2016): Plastics. The Facts 2016. An analysis of European plastics production, demand and waste data. http://www.plasticseurope.org/documents/document/20161014113313-plastics_the_facts_2016_final_version.pdf (Stand: 14.04.2017)

Subba Reddy, M., et al. (2014): Effect of Plastic Pollution on Environment. Department of Chemistry, S.B.V.R. Aided Degree College, badvel, Kadapa-516227, India. Journal of Chemical and Pharmaceutical Sciences

United Nations Environment Programme (UNEP) (2015): The Plastics Disclosure Project. http://www.plasticdisclosure.org/about/why-pdp.html (Stand: 03.06.2016)

World Economic Forum (WEF) (2016): The New Plastics Economy. Rethinking the future of plastics

092|093 Eriksen, M., Lebreton, L.C.M., Carson, H.S., Thiel, M., Moore, C.J., Borerro, J.C., et al. (2014): Plastic Pollution in the World's Oceans: More than 5 Trillion Plastic Pieces Weighing over 250,000 Tons Afloat at Sea. PLoS ONE 9(12): e111913. doi:10.1371/journal.pone.0111913

International Pacific Research Center (IPRC) (2008): Tracking Ocean Debris. IPRC Climate. Newsletter of the International Pacific Research Center. vol. 8, no. 2. http://iprc.soest.hawaii.edu/newsletters/iprc_climate_vol8_no2.pdf (Stand: 14.04.2017)

094|095 Eriksen, M., Lebreton, L.C.M., Carson, H.S., Thiel, M., Moore, C.J., Borerro, J.C., et al. (2014): Plastic Pollution in the World's Oceans: More than 5 Trillion Plastic Pieces Weighing over 250,000 Tons Afloat at Sea. PLoS ONE 9(12): e111913. doi:10.1371/journal.pone.0111913

Greenpeace (GP) (2007): Plastic Debris in the World's Oceans. http://www.greenpeace.org/international/Global/international/planet-2/report/2007/8/plastic_ocean_report.pdf (Stand: 20.04.2015)

Moore, C. J., Moore, S.L., Leecaster, L.K., Weisberg, S.B. (2001): A Comparison of Plastic and Plakton in the North Pacific Central Gyre. Marine Bulletin 42 (12) 1297-1300. http://www.sciencedirect.com/science/article/pii/S0025326X0100114X (Stand: 14.04.2017)

Ocean Conservancy, International Coastel Cleanup (ICC) (2010): Trash Travels. http://act.oceanconservancy.org/images/2010ICCReportRelease_pressPhotos/2010_ICC_Report.pdf (Stand: 20.04.2015)

Maribus (2010): World Ocean Review – Mit den Meeren leben. http://worldoceanreview.com (Stand: 20.04.2015)

United Nations Environment Programme (UNEP) (2005): Marine Litter. An Analytical Overview. http://www.cep.unep.org/content/about-cep/amep/marine-litter-an-analytical-overview/view (Stand: 14.04.2017)

096|097 International Pellet Watch (IPW) (2015): Global Pollution Map. Global Monitoring of Persistent Organic Pollutants (POPs) using Beached Plastic Resin Pellets. http://www.pelletwatch.org/gmap/ (Stand: 03.06.2016)

Rios, L.M., Moore, C. (2007): Persistent organic pollutants carried by synthetic polymers in the ocean environment. Marine Pollution Bulletin 54 (2007) 1230-1237. University of the Pacific

Van Cauwenberghe L., Janssen C. (2014): Microplastics in bivalves cultured for human consumption. Environmental Pollution, 193, 65-70. DOI: 10.1016/j.envpol.2014.06.010

098|099 Günther, K., Heinke, V., Thiele, B., Kleist, E., Prast, H., Räcker, T. (2002): Endocrine disrupting Nonylphenols are ubiquitous in

Food. Environ. Sci. Technol., http://pubs.acs.org/cgi-bin/doilookup?10.1021/es010199v (Stand: 03.06.2016)

Rios, L.M., Moore, C. (2007): Persistent organic pollutants carried by synthetic polymers in the ocean environment. Marine Pollution Bulletin 54 (2007) 1230–1237. University of the Pacific

Umweltbundesamt (UBA) (2015): Ermittlung von potentiell POP-haltigen Abfällen und Recyclingstoffen. Ableitung von Grenzwerten. http://www.umweltbundesamt.de/publikationen/ermittlung-von-potentiell-pop-haltigen-abfaellen (Stand: 03.06.2016)

Umweltbundesamt (UBA) (2003): Persistent Organic Pollutants – POPs.
http://www.umweltbundesamt.de/sites/default/files/medien/publikation/long/2727.pdf (Stand: 03.06.2016)

100|101 Bearden, D.M., et al. (2007): U.S. Disposal of Chemical Weapons in the Ocean: Background and Issues for Congress

Böttcher, C., et al. (2011): Munitionsbelastung der deutschen Meeresgewässer. Bestandsaufnahme und Empfehlungen Arbeitsgemeinschaft Bund/Länder-Messprogramm für die Meeresumwelt von Nord- und Ostsee.
http://www.munition-im-meer.de (Stand: 03.06.2016)

Centre of Documentation Research and Experimentation on Accidental Water Pollution (CEDRE) (2016): Munitions dumped at sea. http://wwz.cedre.fr/en/Our-resources/Discharge-at-sea/Munitions-dumped-at-sea (Stand: 03.06.2016)

James Martin Center for Nonproliferation Studies CNS (2012): Chemical Weapon Munitions Dumped at Sea: An Interactive Map. http://www.nonproliferation.org/chemical-weapon-munitions-dumped-at-sea (Stand: 03.06.2016)

Department of Defense (DoD) (2010): Final Investigation Report HI-05. Hawai'i Undersea Military Munitions Assessment (HUMMA). http://64.78.11.86/uxofiles/enclosures/HI5_Final_Investigation_Report_June2010.pdf (Stand: 14.04.2017)

OSPAR Commission (2015): Encounters with Chemical and Conventional Munitions 2013.
http://www.ospar.org/site/assets/files/7413/assessment_sheet_munitions_2015.pdf (Stand: 03.06.2016)

102|103 Calmet, D.P. (1989): Ocean disposal of radioactive waste: Status report. International Atomic Energy Agency (IAEA). Bulletin 4/1989

U.S. Department of Energy (DOE) (1994): United States Nuclear Tests: July 1945 through September 1992. Document No. DOE/NV-209

Rossi, V., et al. (2013): Multi-decadal projections of surface and interior pathways of the Fukushima Cesium-137 radioactive plume. Deep Sea Research Part I: Oceanographic Research Papers Volume 80, October 2013, Pages 37–46

Preparatory Commission for the Comprehensive nuclear-test-ban treaty organization (CTBTO) (2017): CTBTO World map. Locations of Nuclear Explosions. http://www.ctbto.org/map/#testing (Stand: 13.03.2017)

104|105 Kanda (2012): Longterm Sources: To what extent are marine sediments, coastal groundwater, and rivers a source of ongoing contamination? Tokyo University of Marine Science and Technology. 13. Nov. 2012

Madigan, D.J. (2012): Pacific bluefin tuna transport Fukushima-derived radionuclides from Japan to California. PNAS vol. 109 Nr. 24, 12. Juni 2012 http://www.pnas.org/content/109/24/9483.abstract (Stand: 13.04.2017)

McIntyre, A., et al. (2010): Life in the World's Oceans. Diversity, Distribution and Abundance. Chapter 15: A View of the Ocean from Pacific Predators. Census of Marine Life Maps and Visualization. Verlag Wiley-Blackwell, Hoboken, New Jersey, USA

National Science Foundation (NSF) (2011): Scientists Assess Radioactivity in the Ocean From Japan Nuclear Power Facility. Press Release 11-258. https://www.nsf.gov/news/news_summ.jsp?cntn_id=122542 (Stand: 13.04.2017)

Pacchioli, D. (2013): How Is Fukushima's Fallout Affecting Marine Life? Woods Hole Oceanographic Institution. Oceanus Magazine, 2. Mai 2013 http://www.whoi.edu/oceanus/feature/how-is-fukushimas-fallout-affecting-marine-life (Stand: 13.04.2017)

Wood Hole Oceanographic Institution (WHOI) (2016): Fukushima Site Still Leaking After Five Years, Research Shows.
http://www.whoi. edu/news-release/fukushima-site-still-leaking (Stand: 21.03.2016)

106|107 Centre of Documentation, Research and Experimentation on Accidental Water Pollution (CEDRE) (2016): Database of spill incidents and threats in waters around the world. http://wwz.cedre.fr/en/Our-resources/Spills (Stand: 03.06.2016)

Maribus (2010): World Ocean Review 1 – Mit den Meeren leben. http://worldoceanreview.com (Stand: 03.06.2016)

WHOI (2011): Sources of oil in the ocean.

108|109 U.S. Fish & Wildlife Service (FWS) (2010): Effects of Oil on Wildlife and Habitat.
https://www.fws.gov/home/dhoilspill/pdfs/dhjicfwsoilimpactswildlifefactsheet.pdf (Stand: 13.04.2017)

National Oceanographic and Atmospheric Administration (NOAA) (2010): Oil and Sea Turtels. Biology, Planning and Response.
http://response.restoration.noaa.gov/sites/default/files/Oil_Sea_Turtles.pdf (Stand: 03.06.2016)

作者介绍

艾斯特·冈斯塔拉，生于1985年，作为书籍和信息图表特约设计师在德国和法属波利尼西亚生活和工作。她的客户包括《德国国家地理》杂志、弗里德里希·埃伯特基金会、钦格斯特环境摄影节，以及《斯特恩》、《西特罗》和《瓦尔登》等杂志。她所著的信息图系列丛书中的第一本《原子之书：放射性废物和丢失的原子弹》（*Das Atombuch. Radioaktive Abfälle und verlorene Atombomben*）也是她在2009年于明斯特大学获得信息设计学位的课题，该作品被德国图书艺术基金会授予2009年德国最美图书奖，此外，明斯特大学也授予了她学校的相应奖项。2011年，东京的岩波书店出版了这本书的日语版。系列图书的第二本《气候之书》于2012年在德国出版，2013年在日本出版。《海洋之书》是该系列的第三本，聚焦于海洋现状和人为造成的海洋问题。

作品集及更多信息请访问：www.erdgeschoss-grafik.de

致谢

感谢所有人无私地拨冗帮助使这本书得以付梓，特别鸣谢科学家：哈特穆特·格拉尔教授、阿克塞尔·蒂默曼教授、马丁·维斯贝克教授、莫吉布·拉蒂夫教授，丹尼尔·保利教授，马蒂亚斯·沙伯博士、马尔特·施蒂克博士、斯文·彼得森博士、马库斯·埃里克森博士，感谢他们宝贵的时间，指导和反馈。感谢德国海洋基金会，特别是弗兰克·施魏克特的专业支持。此外，感谢oekom出版社，尤其是劳拉·科尔劳施的不懈努力，以及埃达·法伦霍斯特对我的作品保持批判性的关注。同时感谢我的伴侣、朋友和家人。

也感谢许多支持者在早期阶段通过oekom-crowd.de提供帮助，
由于他们的赞助，海洋保护问题也提上了议事日程。

乌韦·容费尔
雅尼娜·高默
丹尼尔·得鲁比格
西尔维娅·朔普-格鲁贝尔
约翰娜·施通普纳
尤利亚妮·萨莱夫斯基
维尔纳·格鲁班
阿克塞尔·施赖纳
克里斯蒂娜·勒格尔
迪尔克·弗莱舍尔
佩塔尔·克林格尔
GET CHANGED!
安娜·西蒙
马蒂亚斯·加拉蒂
乌特·蒂姆克
斯蒂芬妮·苏德豪斯
海科·阿佩尔
黛安娜·西贡
马丁·伯尔特
斯特凡·拉姆斯托夫
罗宾·迈尔
克劳斯·阿蒙 博士
米夏埃尔·霍伊尔
克里斯蒂安·金特
莫娜·克诺尔
弗雷德里克·赫斯
伊萨·舒里安·拉德洛夫
瓦莱丽·舍费尔斯
赫伯特·弗尔克尔
坦贾·莱默曼
格尔德·布鲁诺·因克曼
塞巴斯蒂安·富尔曼
莫妮卡·库齐亚
马丁·维斯贝克
玛丽安·马太斯
马雷克·科尔斯
卡米耶·伯内什
尼古拉·格奥尔基耶夫
M. 冯·杜福文
克里斯蒂安·富尔曼
阿克塞尔·霍伊斯勒
托比亚斯·米克勒
斯特凡·万增